新工科·普通高等教育系列教材

计算机辅助平面设计

——人人都可以学的 Photoshop 和 Illustrator

主编 成振波 杨
参编 苏宪龙 任

机械工业出版社

在现代日常生活中，人们经常需要编辑处理图片或绘制图形，计算机平面软件工具的操作能力（PS 力）正在成为每个现代人应具备的基本生活技能。根据各方面的使用需求，本书主要讲解了 Photoshop 和 Illustrator 两个软件，涉及版式设计、产品绘制和 UI 设计三个领域，全书分为绪论以及计算机辅助平面设计基础知识、Photoshop 基础、Photoshop 辅助版式设计（一）、Photoshop 辅助版式设计（二）、Photoshop 辅助交互设计、Photoshop 辅助产品设计（一）、Photoshop 辅助产品设计（二）、Illustrator 基础、Illustrator辅助交互设计九个单元。

本书既有实用的理论基础学习，又包括丰富的实际案例练习，既可作为设计学类高等院校学生的基础专业教材，也可作为文创、办公、电商及科研等工作的从业者的一本入门教材和参考书。

本书配有线上课程，学习方式见前言所述。

图书在版编目（CIP）数据

计算机辅助平面设计：人人都可以学的 Photoshop 和 Illustrator/成振波，杨玲主编 . —北京：机械工业出版社，2020. 12（2024. 2 重印）
新工科·普通高等教育系列教材
ISBN 978-7-111-66870-1

Ⅰ. ①计… Ⅱ. ①成… ②杨… Ⅲ. ①平面设计－计算机辅助设计－高等学校－教材 Ⅳ. ①TB21

中国版本图书馆 CIP 数据核字（2020）第 212322 号

机械工业出版社（北京市百万庄大街22 号 邮政编码100037）
策划编辑：宋学敏 责任编辑：宋学敏
责任校对：肖 琳 封面设计：张 静
责任印制：常天培
固安县铭成印刷有限公司印刷
2024 年 2 月第 1 版第 4 次印刷
184mm×260mm · 13. 5 印张 · 332 千字
标准书号：ISBN 978-7-111-66870-1
定价：69. 00 元

电话服务 网络服务
客服电话：010-88361066 机 工 官 网：www. cmpbook. com
　　　　　010-88379833 机 工 官 博：weibo. com/cmp1952
　　　　　010-68326294 金 书 网：www. golden-book. com
封底无防伪标均为盗版 机工教育服务网：www. cmpedu. com

1. 本书的写作背景

在设计领域应用计算机技术之前，设计公司的工作烦琐且效率很低，设计师如同流水线上的工人一样沉浸在大量图纸中（图1）。计算机技术的发展使设计师的工作和生活发生了翻天覆地的变化，对于设计工作者来讲，这一变化使他们的工作富有活力，不再简单而枯燥，计算机辅助设计的示例如图2所示。

图1　设计工具的变革

图2　计算机辅助设计的示例

随着计算机技术的不断发展，面向设计工作者的各类软件工具应运而生，它们让创造与设计的过程变得更加快速和令人愉悦，但前提是设计工作者必须能够熟练地操作这些软件工具。

2. 本书特色

本书采用了线上、线下混合的学习方式，书中主要的知识点和案例都配有视频教学资源，线上内容既有系统的理论讲解，又有实际练习案例帮助读者提升软件的操作能力和应用能力，非常适合在线教学和混合式教学（学银在线：https://www.xueyinonline.com/detail/212384589）。

本书的同步教学视频和学习资源请通过学银在线免费获取，请先登录加入课程后进行学习。

3. 本书的面向对象

本书主要面向设计专业领域的初学者，或有图片编辑、处理需求的从业者和爱好者。通过本书的学习，读者能够了解并掌握计算机辅助平面设计相关的基础知识，掌握矢量图和位图两种作图方法是软件的基础操作，能够自主地选择工具，并尝试解决实际问题。通过本书的学习，读者将有一个从事计算机辅助平面设计的良好开端。

根据作家格拉维德尔提出的"一万小时定律"（人们眼中的天才之所以卓越不凡，并非天资超人一等，而是付出了持续不断的努力。一万小时的锤炼是任何人从平凡变成大师的必要条件。一般人和高手之间相差的就是"持续不断的努力"），如果读者愿意继续努力，本书的在线学习平台作为课后的学习资源会为读者提供更多的扩展训练。

4. 本书的编写团队

本书的内容一共分为九个单元，重庆理工大学成振波主要编写了第 1～5 单元以及第 8 单元，重庆工业职业技术学院的杨玲和重庆理工大学的苏宪龙编写了第 6、7 单元，重庆商务职业学院的任征编写了第 9 单元。重庆理工大学 2016 级工业设计专业的朱思远，2018 级工业设计专业的赵坤荣、宗新成、罗宇轩承担了本书的图片制作。重庆理工大学的阳耀宇承担了本书配套的线上资源的制作，谢思远参与了线上课程平台的管理和资源建设。

由于时间仓促，并限于编者水平，书中难免有不足和疏漏之处，恳请广大读者批评指正，以利不断修正和完善。

编　者

目　录

绪　论

　　计算机辅助平面设计是指通过计算机中的软件工具进行一些平面作品的设计和表达。这里的平面作品包括传统的平面版式设计、立体效果表现和最新的交互界面设计领域。本书主要介绍了Photoshop 和 Illustrator 这两个软件工具，面向对设计工作、日常图片处理和编辑有各种需求的读者。

　　1. 本书的内容框架

　　本书内容主要基于笔者十余年相关领域的教学工作经验，参考了很多优秀的教材和设计案例的同时，也融合了笔者多年来的教学积累与体验，符合初学者的认知学习规律。本书框架体系如图 0-1 所示。

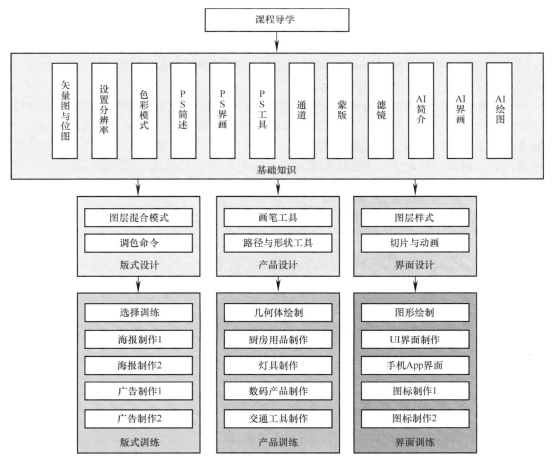

图 0-1　本书框架体系

本书注重读者的计算机辅助平面设计知识、能力、应用各方面的培养，通过本书的学习可全面提升计算机辅助平面设计水平。

"知识"——本书会带领读者攻克"通道""蒙版""混合模式"等这一系列难以理解的抽象知识，让读者了解计算机辅助平面软件的核心概念。

"能力"——本书将学习位图处理软件 Photoshop 和矢量图处理软件 Illustrator 的操作，并配备了海报、广告、UI 界面和产品效果图等大量实际任务案例等着读者来挑战，通过这些实际训练，读者会对软件的各项功能融会贯通。

"应用"——在本书中读者还会学到版式设计、产品设计、交互设计相关领域的设计规律和创意表达技能。通过本书的学习，读者会发现原来从事创意设计工作并不是那么难。

2. 本书的章节内容

在本书中将学习一些计算机图形学的基础概念、设计学的基本知识，主要学习使用两个主流的图形图像设计软件——Photoshop 和 Illustrator。书中主要系统地介绍了软件的常用功能，讲解了各个设计领域的基础知识，并结合了不同主题的设计任务作为练习，以提高读者对软件工具的熟练程度和操作能力。

本书选择性地对计算机辅助设计进行了分类，内容主要分为了九个单元，每个单元间都相互联系、层层递进，可以帮助广大的设计工作者和爱好者快速入门、熟悉掌握关键技术。

第 1 单元是帮助读者快速理解计算机图形学的一些基本概念，如矢量图与位图的区别，分辨率的设置和色彩模式的知识，这些都是使用计算机软件工具前必须储备的知识内容。

第 2 单元是了解著名的 Photoshop 软件，通过软件发展历程来进入 Photoshop 的世界，并在本单元中介绍了工具栏与图层的概念。

第 3、第 4 单元主要介绍 Photoshop 辅助版式设计。第 3 单元前半部分主要学习平面排版和字体运用的基本原则，后半部分学习 Photoshop 的核心概念——选区、通道和蒙版。第 4 单元会进一步学习 Photoshop 的高级功能模块，包括图层混合模式、图层样式、滤镜和调整命令等内容，可帮助学习者向更高的水平进阶。示例如图 0-2 所示的抠图和海报训练。

图 0-2 抠图和海报训练

第 5 单元是 Photoshop 辅助交互设计部分，依靠 Photoshop 中强大的图层样式、动画和切片功能，可以让使用者学习设计出丰富多变的交互界面以及基本动画制作的技巧。

第 6、第 7 单元主要介绍产品设计的平面效果表现。第 6 单元利用 Photoshop 软件，对产品的形状、光影和材料展开分析。第 7 单元在产品光影表达的基础上做了进一步的强化，讲解通过加深减淡、图层样式和画笔橡皮等方法满足产品光影效果的制作需求（图0-3）。

图 0-3　各类产品的光影表现

第 8 单元学习的是 Photoshop 的好搭档——Illustrator，Illustrator 作为一个矢量绘图软件，能弥补 Photoshop 的很多不足，通过 Illustrator 的图形绘制和对象管理专用工具，可以进行标志设计工作，并可以快速制作出特效。

第 9 单元是对第 8 单元的延伸。在了解交互设计知识的基础上，利用 Illustrator 完成软件图标和界面的制作，能够有效地帮助有志于交互设计的学习者。

本书系统地讲解了两个主流软件工具，读者可以学习到相关的基础知识和技能，也可以培养软件学习能力，为继续学习提高打好基础。

3. 本书的学习方法

本书适合线上、线下混合式学习，在部分节前配备了教学视频的二维码，读者可以先观看视频教学，然后再学习该节内容。教学视频讲解了基础知识点，而书中内容是对视频学习的加深、补充和扩展，教学视频起对知识点基本讲解的作用，而书中的内容起对视频教学加深、补充和扩展的作用。由于制作规划等原因，书中部分章节没有视频教学资源，笔者将在未来不断完善补充，敬请谅解。

本书系统地讲解了 Photoshop 和 Illustrator 的主要使用方法，为了能够学以致用，在每个单元最后都配备了与本单元内容对应的实操练习，练习也主要采用视频教学的形式，方便读者进行同步操作训练，练习需要的素材资源可在教学平台上下载。练习的主要目的是加强读者对设计创作的理解，提高读者软件的应用能力，最有效的学习方式是通过所掌握的知识和技巧解决实际问题，欢迎读者通过教学平台或者邮件的方式与编写团队沟通。邮箱：chengzhenbo@ cqut. edu. cn。QQ：84064254。课程网址：https：//www. xueyinonline. com/detail/212384589。

计算机辅助平面设计基础知识

在学习软件之前，需要了解一些计算机图形学的基础知识，这些知识可以使读者更好地理解不同工具的应用范围，少犯一些常识性错误。

1.1 计算机如何描述形状——矢量图、位图

"图形"和"图像"两个词经常并列出现，人们常常用"图形图像类"软件来指代计算机辅助平面设计的软件工具，这两个概念也经常被混淆。仔细思考一下，从词义上看，"图形""图像"有着不同的含义，它代表了计算机描述平面世界的两种不同的方式——矢量图与位图。可通过一个简单的例子来了解它们的区别。

1.1.1 你会画圆吗

作为一个接受过现代科学基础教育的人，一般都会使用圆规，使用圆规画圆时，先用圆规的一脚确定一个点作为圆心，再用另一脚确定圆的半径，旋转之后就可以画一个圆（图1-1）。如果读者还记得中学学过的圆的方程，会知道它的表达式是

$$(x-a)^2 + (y-b)^2 = r^2$$

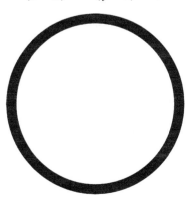

图1-1　用圆规画的圆

在计算机图形世界中，也有类似的表达方法。在很多软件工具中，如果要绘制一个圆形，首先需确定圆心在这个平面上的位置（a，b 的数值），然后再确定这个圆的半径（r 的

数值），这样就可以绘制一个圆形。然而计算机是怎么知道要画的是圆呢？这就需要确定数学函数的类型，在软件工具中是通过单击“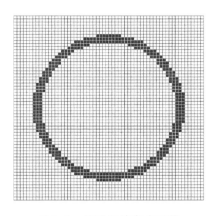”图标来实现的。

除了这种常见的画圆方式外，计算机还可以用一种不那么常见的方式画圆，如图 1-2 所示。

图 1-2　用拼图的方式画圆

这种方式有点类似于拼图游戏，是将指定的平面分成若干排列的小格子，然后给一些格子涂上黑色，另外一些格子则保留白色，于是就可以看到黑色的格子拼成一个近似圆的形状。请注意这里的圆形是近似的，当离得越远时，这个圆形看起来就越圆，或者可以把格子划得更小，也可以使圆形看起来更圆。

1.1.2　矢量图与位图的含义

描述平面世界的方法有两种，分别是**矢量图**与**位图**。

矢量图是采用数学的方式描述图形，矢量图也叫作向量图，如图 1-3a 所示。数学方式不仅能描述圆形、方形和三角形这些标准几何体，还可以通过贝塞尔曲线、NURBS 曲线来描述复杂的几何图形，也可以通过多个对象的组合变换出各种各样的图形。

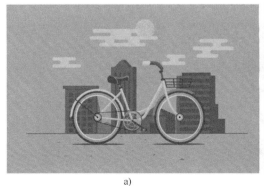

a)　　　　　　　　　　　　　　　　　　　b)

图 1-3　矢量图与位图
a）矢量图　b）位图

位图采用点阵的方式来记录图像，也被称为点阵图、格栅图和像素图，每一个小格子被称为像素（Pixel），如图 1-3b 所示。有点类似于沙画艺术，位图就像使用一粒粒沙子（像素）拼成图像，无论图像是简单还是复杂，同样尺寸的图像都是由同样数量的像素组成的。

对比这两种方式，可以看出矢量图的方式显得比较简洁、理性，而位图的方式则显得比较复杂、笨拙，但实际上这两种方法各有各的优势。

1.1.3　矢量图和位图的比较

通过对比矢量图与位图的优点和缺点，可以得出矢量图与位图各自的适用情形。

Round　1

如果在计算机上写个汉字"猫"，通过矢量图的方式，可以分解每一个笔画曲线，存储到数据库里，当需要输出"猫"这个汉字时，就可以通过代码调用出来，无论大小都非常清晰。但是如果通过位图点阵方式，就需要把指定区域分成若干的像素，各个像素都需要赋予颜色，即便如此，位图中的汉字"猫"也显得有些模糊、不规范（图 1-4）。

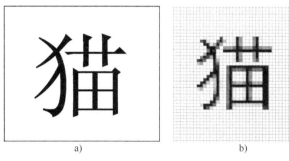

a)　　　　　　　　　　b)

图 1-4　矢量图 VS 位图

a）矢量图　b）位图

第一轮 PK 结果：矢量图适合描述规则、确定和抽象的图形。

Round　2

如果想要再现一个猫的具体形象，用矢量图画猫，只能画出"Tom & Jerry"里面 Tom 的形象，因为在矢量世界中，这种卡通形象才是最经济和有效的。想再现猫的具体形象，位图（图 1-5）就体现出了优势，因为位图是将真实场景定格，然后用一个个像素来记录下场景的信息。虽然在格子数量较少的时候，画面会有一些模糊，但是随着格子的密度增加，可以非常逼真地还原了真实世界中的复杂场景。

第二轮 PK 结果：位图适合描述不规则、细腻和具象的图像。

a)　　　　　　　　　　b)

图 1-5　矢量图 VS 位图

a）矢量图　b）位图

平常所使用的手机、相机和打印机等电子设备以及看的电视、电影等多媒体信息，都是采用位图方式来记录和再现图像和画面的。

1.1.4　矢量图和位图的应用

矢量图适用于图形绘制，位图适用于图像处理，它们如同设计师的左手和右手，常见的矢量图和位图软件如图 1-6 所示。

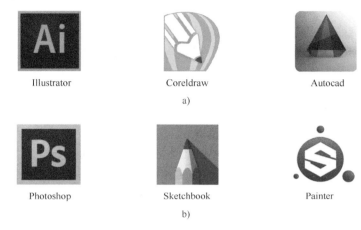

Illustrator　　Coreldraw　　Autocad

a)

Photoshop　　Sketchbook　　Painter

b)

图 1-6　常见的矢量图与位图软件

a）矢量图软件　b）位图软件

上述分类属于笼统的分法，现在软件功能日益强大，彼此互相包容，位图软件中也有矢量工具，矢量图软件中也有位图处理模块。Photoshop 和 Illustrator 是本书主要学习和讲解的软件工具，二者同属于 Adobe 公司。

在选择矢量图或位图方式绘图前，需要了解它们的优缺点：

（1）失真　失真就是丢失原图的信息或者显示效果。

矢量图是由数学函数和公式来记录的，因此当放大或缩小这个图形时，并不会改变这个函数的类型，图形仍然非常清晰。

位图由像素点阵构成，当缩小图片时，会导致原有像素的丢失，造成失真；当放大图片时，会产生原来本不存在的像素，也会造成失真，也就是位图放大或缩小时，都会造成失真（图 1-7）。

矢量图任意放大或缩小都

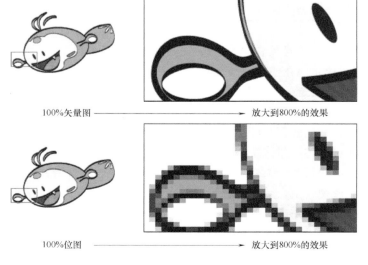

100%矢量图　　　　　放大到800%的效果

100%位图　　　　　放大到800%的效果

图 1-7　矢量图和位图的缩放效果

不会失真，但是位图不能随意放大或缩小图片，否则会造成失真。

（2）存储空间　存储空间是指文件存储占用磁盘空间的大小。

矢量图基于数学描述方式的特点使它占用的存储空间小，如绘制一个圆，仅需要存储几个坐标数值和函数类型，且所需存储空间和图形尺寸大小无关。

位图需要记录每个像素的数值信息，因此高质量的图片需要的像素多，占用的存储空间更大。位图随着图像尺寸的扩大，包含的像素增多，占用的存储空间也会变大。

（3）文件格式　文件格式指文件存储格式。

位图尽管有容易失真、存储空间大的缺点，但是位图软件却具有更加广泛的应用范围。常见的 JPG、TIF、BMP、GIF、PNG 等文件格式均属于位图格式，这些文件格式不依赖于具体软件，大多数系统平台、应用程序、浏览器都可以导入和使用。位图文件中也有 PSD（Photoshop Document）这种软件专用格式，用来存储图片在设计过程中的信息。

矢量图相对应用范围狭窄，大多数矢量文件都依赖于专业软件，如 AI 是 Illustrator 软件的专属格式，CDR 是 Coreldraw 软件的专属格式，不仅一般的日常应用程序无法打开，矢量图软件彼此之间也互不兼容。虽然有 EPS、SVG 格式在各类矢量图软件间搭建了桥梁，但是信息丢失的情况还是无法避免的。由于矢量图文件格式狭窄的适用性，导致矢量文件更多用于专业领域的设计和传输。

矢量图与位图的区别见表 1-1。

表 1-1　矢量图与位图的区别

对 比 项	矢 量 图	位 图
用途	精确图形的绘制	真实图像的记录和表达
是否失真	不会失真	放大或缩小都会造成失真
存储空间	小	大
存储格式	AI、CD、ESP、SVG、DXF 等	JPG、TIF、BMP、GIF、PNG、PSD 等
主流软件	Illustrator、Autocad、Coreldraw	Photoshop、Sketchbook、Painter

1.2　分辨率

随着互联网的发展，位图图像的应用日益广泛，也在学习生活中扮演着重要的角色。但在使用位图图片时，人们也会有一些疑问，如同样一张图片在朋友圈里看起来很清楚，但打印出来后却发现质量很差，这是什么原因引起的呢？有的时候要求上传一张 1000 * 800 的图片，这里的数字又是表示什么含义呢？

这些问题都与图像的分辨率有关，作为设计师，更是经常会面临分辨率设置的问题。可以通过下述场景来了解一张 9G 的图片是如何产生的：

小明同学：老师，我想做一个迎新晚会的背景墙，可是我的计算机根本带不动。

老师：哦，这个背景墙有多大？

小明同学：长 8m，高 3m。

老师：你分辨率设置的是多少？

小明同学：我设置的是 300，广告公司的人说越高越好。

老师：天，看看你的文件多大了（图 1-8）？

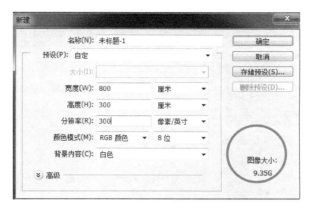

图 1-8　一张 9G 的图片

9G 大小的文件超过了一般个人计算机的能力范围，分辨率设置稍不注意就可能会让计算机崩溃。

1.2.1　图像分辨率

图像分辨率是所有位图创建或保存时必备的一个参数，它的英文全称是 Pixel Per Inch，简写为 PPI，也就是每单位英寸中所包含的像素数量。图像分辨率能反映图中单位面积中像素的密度，如 30 的 PPI，就意味着在每平方英寸中，包含

$$30 \text{ 行} \times 30 \text{ 个像素/行} = 900 \text{ 个像素}$$

300PPI 就表示在每平方英寸中包含了

$$300 \text{ 行} \times 300 \text{ 个像素/行} = 90000 \text{ 个像素}$$

图片中像素越多，能够保留的信息就越丰富，当然数据量也越大，占用的资源也越多。如果分辨率扩大了 n 倍，则像素密度也扩大 n^2 倍。

回到本节最开始的场景，$1\text{m}^2 \approx 1550\text{in}^2$，一幅 8m×3m 的幅面，分辨率为 300，就需要

$$3 \text{ 米} \times 8 \text{ 米} \times 1550 \text{ 平方英寸/平方米} \times 90000 \text{ 像素/平方英寸} \approx 33 \text{ 亿多像素数量}$$

每个像素点占用 3 个字节存储颜色信息（RGB 模式），就需要

$$33 \text{ 亿像素} \times 3 \text{ 字节/像素} = 99 \text{ 亿多字节} \approx 9G \text{ 存储空间}$$

1.2.2　图像分辨率的设置

是不是只有计算机工作站才能完成背景墙设计这样的项目呢？其实不是的，面向这种类型的作品，设计者不需要设置这么高的分辨率。每一种平面作品的展示媒介都有不同的展示需求和物理限制，因此不同媒介的分辨率设置有一定的约定俗成的规矩，见表 1-2。

表 1-2　不同媒介的分辨率设置

媒　介	媒介类型	图像分辨率设置范围
	精美彩色期刊、光面杂志	300 ~ 350

（续）

媒　介	媒介类型	图像分辨率设置范围
	写真或者幅面比较大的海报、展板	150 ~ 200
	大型户外灯箱广告、背景墙（喷绘作品）	30 ~ 60
	网页和移动终端 App 的界面设计	72

之所以会有这样的差别，一方面是由于印刷设备和纸张幅面的限制，幅面越大的打印机，打印精度越低，因此即使设置的分辨率很高，也会被打印机性能"降"下来。

另一方面是由于不同用途的平面作品，受众离媒体的观看距离不同，如灯箱广告的受众就是在站台上或公交车上一瞥而过的乘客，受众观看的距离远且时间短，过高的精度毫无意义。读者捧在手里的书籍，则需要较高的精度，保证印刷的质量，提升读者的阅读体验。

按照上面的约定俗成规矩，可以发现：

幅面 20cm×20cm，300PPI 的精美印刷品 ⎫
幅面 40cm×40cm，150PPI 的海报　　　　⎬ 像素总量是一样的
幅面 10m×10m，60PPI 的背景墙　　　　 ⎭

因此以上幅面不同的设计项目都是普通个人计算机可以胜任的。在位图软件中，我们可以对图片的分辨率进行合理的设置。如 Photoshop 中可以在新建文件窗口看到"分辨率"的设置，也可以通过"菜单"—"图像"—"图像大小"（图 1-9）设置已有图片的分辨率。

图 1-9　图像大小面板

1.2.3　PPI、DPI 和屏幕分辨率辨析

很多行业领域都有"分辨率"的概念，并有行业与之对应的含义。在计算机辅助平面设计领域，分辨率一般是指图像分辨率 PPI，但是还有另外两个"分辨率"的概念经常跟它混淆。

1. 打印机的分辨率（DPI）

为什么分辨率明明代表面积中像素的密度，却用长度来定义呢？这是由于计算机作图源于印刷行业，而对于打印机而言，也有分辨率的定义——Dot Per Inch（DPI），指的是每英寸中能够打印的点的数量。

打印过程是逐行进行的，有一些打印机的横向和纵向分辨率并不一致，如惠普 Designjet T1300ps 型喷绘机（图 1-10），它的水平分辨率是 2400DPI，而垂直分辨率是 1200DPI。因此打印机分辨率使用长度单位，而不是面积单位。为了和印刷行业匹配，计算机辅助设计过程中的图像分辨率也是按照长度单位来设置的。

随着技术的发展，当下很多打印机的分辨率 DPI 已经超过前文所讲 PPI 的约定设置，但是由于纸张或者画布对油墨和颜料的吸收能力有限，因此无法使用打印机最高的精度印刷。因为过高的分辨率会产生文件尺寸过

图 1-10　Designjet T1300ps 型喷绘机

大的问题，所以还是以设计过程的 PPI 为准，相关从业人员也把 DPI 和 PPI 统称为分辨率。

2. 屏幕分辨率

手机或者计算机屏幕等数码产品都可以设置分辨率，这里的分辨率指的是屏幕分辨率。

屏幕分辨率并不是指像素或点的密度，而是整体屏幕的像素数量。数码产品屏幕均为长方形，所以屏幕分辨率包括两个数值，如华为 P30 的手机屏幕分辨率为 2340×1080（图 1-11），就是指宽度方向有 1080 个像素，长度方向有 2340 个像素。所谓 2K 屏幕，就是指屏幕的长度或者宽度上的像素总数超过 2000，如 P30 手机。那么读者可以思考 4K 屏幕表示什么呢？

图 1-11　华为 P30 手机与屏幕分辨率

在面向 UI（User Interface）界面进行设计时，一般都把文件尺寸设置为整个屏幕的像素总数，如为华为 P30 设计手机界面时，就需要设置文件尺寸为 2340×1080 个像素，图像分辨率 PPI 设定为 72 或 300，对于最后的显示效果并没有影响。一般界面设计默认设置都是 72，这是由于最早的显示器物理分辨率沿用至今。

最后矫正一个常识问题：是否可以通过提高分辨率，提升已有图片的清晰度呢？

答案是：不行。如图 1-12 所示，如有一个 1in×1in，100PPI 的图片，图中的像素总数量为 1 万。如果把分辨率改为 200PPI，像素总数量变成 4 万，那多出来的这 3 万个像素是哪来的呢？

 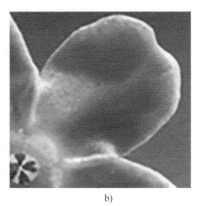

a)   b)

图 1-12　修改分辨率对比

a）设置前　b）设置后

计算机肯定不可能穿越时间和空间还原当时的场景，它只能按照某种算法计算出来。这种算出来的像素并不能使画面更清晰，所以不要轻易地放大分辨率。

1.3　计算机如何描述颜色

人类的眼睛从平面世界获取的信息主要包括两方面——形状和色彩（图 1-13）。在面对形状问题时，人们为计算机设计了矢量图和位图两种方式进行描述。而在面对色彩问题时，四种色彩模式被设计出来，即 HSB、RGB、CMYK 和 Lab，它们分别针对不同的媒介：HSB—眼睛、RGB—光合、CMYK—颜料、Lab—中介。

图 1-13　生活中的色彩

1.3.1　眼睛模式（HSB）

HSB（又被称为 HSV）是色相（Hue）、饱和度（Saturation）和亮度（Brightness）三个英文单词首字母的组合，代表的是色彩理论中色彩的三要素。

唐代杜甫的《江畔独步寻花》中写道"桃花一簇开无主，可爱深红爱浅红？"这里写的"红"，就是一种色彩的相貌，除了红色，人们能够认知的还有橙、黄、绿、青、蓝、紫等，它们被称为色相。除了"红"的统一色相外，桃花还有"深红"和"浅红"的区别，能把同样红色根据深浅进行分类，这是色彩的亮度或明度；如果再讲究一点，还能把含有红色的多少进行分类，这就是色彩饱和度或纯度。

计算机分别用三个数值来表示色相（H）、饱和度（S）和明度（B）（图 1-14）：

1）H 取 0~359 区间的整数，色相是一个 360°的环，H 数值按照位置度量。数值 0 和 360 是重合的，所以不用取值 360。

2）S 取 0~100 区间的整数，表示色彩饱和度或纯度。0 为完全没有颜色，100 为完全饱和。

3）B 取 0~100 区间的整数，表示色彩亮度或明度，0 为黑色，100 为明度最高。

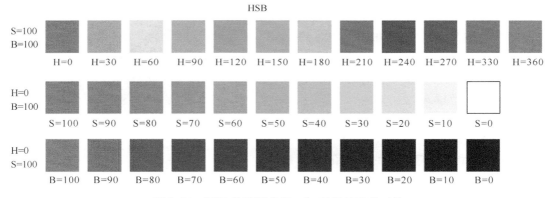

图 1-14　HSB 色彩模式 H、S、B 数值变化对比

HSB 的色彩模式可以表达 367 万种颜色，即

$$360 \times 101 \times 101 = 3672360$$

在 Photoshop 等计算机辅助平面设计软件中，拾色器默认的色彩模式为 HSB（图 1-15）。这种色彩模式对于设计者选取颜色是比较直观的，比较符合人眼睛的习惯。

需要特别注意的是白色和灰色的饱和度都是 0，色相数值不具备意义，黑色明度是 0，饱和度和色相数值都不具备意义，可以说黑色、白色和灰色是不具备

图 1-15　拾色器面板（HSB 模式）

色相属性的。

1.3.2　光合模式（RGB）

HSB 模式能够表达的颜色较少，而且没有匹配输出媒介，但适合设计师拾色。计算机辅助平面设计的作品输出媒介可以分为两类：屏幕和印刷品。屏幕属于发光媒介，而印刷品本身是不发光的，属于反光媒介。为了更好地匹配媒介，人们制定了 RGB 和 CMY 两种色彩模式，也被称为加色模式和减色模式。

RGB 色彩模式就是指的红（Red）、绿（Green）、蓝（Blue）三种颜色。

和基础美术教育中提出的"红、黄、蓝"三原色不同，自然界的白光在工业中被分解为红、绿、蓝三种颜色，这三种颜色可以混合成为任何一种颜色的光。计算机显示设备、电视机、手机的屏幕基础颜色都是黑色。在黑色基础上，如果要想显示颜色，就要采用加色模式。

如果红、绿、蓝三种颜色都没有，就是黑色，如果红、绿、蓝三种颜色都是饱和的全部叠加在一起就是白色，当 R、G、B 三种颜色以不同的比例混合后，就可以产生任意多的颜色。

从图 1-16 可以看出，RGB 的数值最大可以到 255，取值范围从 0 ~ 255 共有 256 个数值。R、G、B 数值越高，对应的颜色也就越强，光越混合越亮，中间白色就是 RGB 的最大值，这也是加色模式的由来。

之所以有 256 个数值，是由于 $2^8 = 256$，R、G、B 每个颜色的数值刚好占用计算机的一个字节，也就是我们常说的 8 位的色彩深

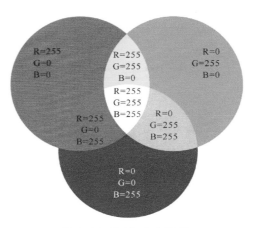

图 1-16　RGB 光合模式

度。RGB 模式是最符合发光媒介显示和计算机数据处理传输的模式，因此现在的应用最为广泛，一般情况下只要有屏幕的地方都是使用 RGB 色彩模式（图 1-17）。

图 1-17　RGB 色彩模式的应用范围

　　RGB 拥有广阔的的色彩范围，能够表达 1677 万种颜色，数量是 HSB 色彩范围的 4 倍。RGB 颜色共有：

$$256 \times 256 \times 256 = 16777216$$

　　再通过几组颜色 RGB 数值的对比，说明 RGB 和颜色的对应关系（图 1-18）。

　　通过这几组数值可以看出，黑色、白色、灰色的 RGB 数值分别相等；当 RGB 数值较高时，颜色的明度较高；R、G、B 三个数值有一个明显高时，颜色就会偏向这个数值对应的颜色。R、G、B 数值差异较大时，色彩的纯度较高。

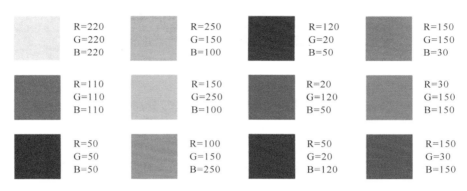

图 1-18　RGB 数值与颜色的关系

1.3.3　颜料模式（CMYK）

　　与加色模式 RGB 相对应的是减色模式 CMY，CMY 与我们熟悉的红、黄、蓝三原色比较接近，但准确地说是青（Cyan）、品红（Magenta）和黄（Yellow）三种颜色，这种色彩模式与 RGB 刚好相反，如图 1-19 所示，C、M、Y 的取值只能是 0~100。

　　CMY 的数值是按油墨配比的需要设置的，采用的是百分位。数值越高，对应的颜色也就越强，但颜色越混合越暗，所以被称为减色模式。从理论上来说，只需要 CMY 三种油墨就足够了，它们三个加在一起就应该得到黑色。但是由于目前制造工艺还不能造出高纯度的油墨，CMY 相加的结果实际是一种暗红色。因此还需要加入一种专门的黑墨（Black）来调和，所以这种色彩模式变成了 CMYK。

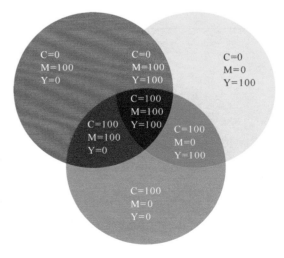

图 1-19　CMY 颜料模式

　　从数值上 CMYK 的颜色有 $101 \times 101 \times 101 \times 101$ 种可能，但是黑色是后加进来的调和色，CMYK 模式的色彩范围不好计算，总体来说小于 RGB。而 CMYK 的由于是面向印刷行业的，它的颜色设定也不像 RGB 那样随意，需要参考一些颜色标准（图 1-20）。

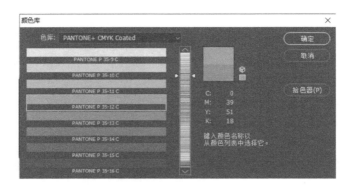

图 1-20　Photoshop 中的颜色库

　　RGB 和 CMYK 两种色彩模式看起来是相反的，但实际上都是源于光学原理（图 1-21），读者可以尝试推导一下。根据加色模式，由于

白光 = 红光 + 绿光 + 蓝光

　　而对于反光媒介来说，之所以看起来呈现某个颜色，是因为除了这个颜色以外，其他的颜色都被吸收了。所以我们可以看到黄色颜料，是因为吸收了蓝光，剩下红光和绿光，我们看到的蓝色颜料是因为吸收了红光，剩下蓝光和绿光，这两种颜料混到一起，就是既吸收蓝光，又吸收红光，最后只剩下绿光，并且明度有所降低。

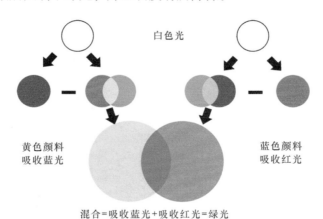

图 1-21　RGB 和 CMYK 的统一关系

1.3.4　中介模式（Lab）

　　RGB 和 CMYK 色彩模式各有各的用途，但是因为其算法不一样，也会造成使用上的不便。比如 RGB 和 CMYK 的色域不一致，RGB 模式中有些颜色，在 CMYK 模式中不存在，反之亦然。而更加显著的问题是，计算机辅助设计的过程往往是在显示器上完成的，显示器可以正确显示 RGB 模式的色彩，但是 CMYK 色彩在显示器上显示时就会出现偏色。作为设计师有以下两种解决方法：

1）在 RGB 模式下完成设计，而在打印前转化为 CMYK。这种方式可以保证设计时的效果，但是转化时色差无法估量。

2）在 CMYK 模式下进行设计，通过设计软件的 CMYK 校样设置保证色彩视觉效果。因此屏幕 RGB 显示模式仍不可避免产生色差，但是可以在设计时通过印刷的标准色卡校对颜色。因为 RGB 是更加符合计算机运算方式的色彩模式，所以计算机辅助设计软件有些命令在 CMYK 模式下无法执行。

为了解决这一问题，CIE[⊖]（International Commission on Illumination，国际照明委员会）确定的一个理论上包括了人眼可以看见的所有色彩的模式——Lab。这种模式既不依赖于光线，也不依赖于颜料，弥补了 RGB 和 CMYK 两种色彩模式的不足。Lab 模式由三个通道组成，它的一个通道是亮度，即 L，另外两个是色彩通道，用 a 和 b 来表示。

从理论上 Lab 模式所定义的色域最大，且与设备无关，其处理速度也与 RGB 模式同样快。但实际上，计算机辅助设计软件都是通过屏幕和设计师交流的，Lab 模式同样受到显示屏幕的限制，在 Photoshop 等平面软件中，Lab 色彩模式中，L 取值范围为 0～100，a、b 的取值范围为 -128～127，因此 Lab 的色彩范围小于 RGB，并且一些命令无法在 Lab 模式下运行。

实际意义上，位图软件一般采用 RGB 作为文件默认的色彩模式，而矢量图软件更多地运用于印刷行业，因此一般采用 CMYK 作为文件默认的色彩模式。

1.4　还需要了解的几个概念

1.4.1　文件格式

图形图像文档格式很多，并且各有用途，因此设计者需要了解各种文件格式的用途。

（1）PSD 格式——Photoshop 专用格式　PSD 格式全称为 Photoshop Document，也就是 Photoshop 的文档格式，属于专业软件打开的图像处理格式。PSD 格式是一种草图状态的格式，可以随时进行修改和编辑，其占用存储空间比较大，可以保存 Photoshop 的所有编辑内容，包括通道、图层、路径及色彩模式等。

（2）JPEG 格式——当前最常见的一种图像格式　JPEG 由联合图像专家组（Joint Photographic Experts Group）开发。JPEG 文件的扩展名为 .jpg 或 .jpeg，它用有损压缩方式去除冗余的图像和彩色数据，在获得极高压缩率的同时也能展现十分丰富生动的图像，即可以用较少的磁盘空间得到较好的图片质量。它最大的优点就是压缩比大，可以存储 RGB、CMYK 色彩模式，但是不能存储通道，也不能输出透明效果。

（3）BMP 格式——Windows 自带位图格式　BMP 是英文 Bitmap（位图）的简写，它是 Windows 操作系统中的标准图像文件格式，能够被多种 Windows 应用程序所支持。随着 Windows 操作系统的流行与丰富的 Windows 应用程序的开发，BMP 位图格式理所当然地被广泛应用。这种格式的特点是包含的图像信息较丰富，几乎不进行压缩，但由此导致了它与生俱来的缺点：占用磁盘空间过大。因此当前使用得越来越少。

⊖　法语简称。

（4） GIF 格式——动态图格式 GIF（Graphics Interchange Format）的原义是"图像互换格式"，是 CompuServe 公司在 1987 年开发的图像文件格式。GIF 文件的数据，是一种基于 LZW（Lemple Ziv Welch Encoding，串表压缩算法）算法的连续色调的无损压缩格式。其压缩率一般在 50% 左右，它不属于任何应用程序。GIF 格式可以存储多幅彩色图像，如果把存于一个文件中的多幅图像数据逐幅读出并显示到屏幕上，就可构成一种最简单的动画。GIF 格式能存储透明图片。

（5） TIFF 格式——无损压缩格式 TIFF（Tagged Image File Format，标签图像文件格式）是一种主要用来存储包括照片和艺术图在内的图像文件格式。此图像格式复杂，存储内容多，占用存储空间大，其大小是 GIF 图像的 3 倍，是相应 JPEG 图像的 10 倍。它的特点是图像格式复杂、存储信息多。正因为它存储的图像细微层次的信息非常多，因此图像的质量也得以提高，故而非常有利于原稿的复制。

（6） PNG 格式——新兴互联网图片格式 PNG（Portable Network Graphics，便携式网络图形）采用无损压缩方式来减小文件的大小，能把图像文件压缩到极限，以利于网络传输，但又能保留所有与图像品质有关的信息；其显示速度很快，支持透明图像的制作，可以把图像背景设为透明，用网页本身的颜色信息来代替设为透明的色彩，这样可让图像和网页背景很和谐地融合在一起。PNG 是目前保证最不失真的格式，它汲取了 GIF 和 JPEG 二者的优点，其存储形式丰富，兼有 GIF 和 JPEG 的色彩模式。PNG 的缺点是不支持动画应用效果，如果在这方面能有所加强，简直可以完全替代 GIF 和 JPEG 了。

（7） AI 格式——Illustrator 专属格式 AI 格式是适用于 Adobe 公司的 Illustrator 软件的输出格式。它的优点是占用硬盘空间小，打开速度快，方便格式转换。

（8） EPS 格式——跨越矢量与位图的格式 EPS 文件格式是 Encapsulated PostScript 的缩写，是跨平台的标准格式，扩展名是 eps 或 epsf，主要用于矢量图像和光栅图像的存储。EPS 格式采用 PostScript 语言进行描述，并且可以保存其他一些类型信息，如多色调曲线、Alpha 通道、分色、剪辑路径、挂网信息和色调曲线等，因此 EPS 格式常用于印刷或打印输出。

（9） SVG 格式——新兴互联网矢量格式 SVG 的英文全称为 Scalable Vector Graphics，意思为可缩放的矢量图形。它是一种开放标准的矢量图形语言，用户可以直接用代码来描绘图像，可以用任何文字处理工具打开 SVG 图像，通过改变部分代码来使图像具有互交功能，并可随时插入 HTML 中通过浏览器来观看，因此十分适用于设计高分辨率的 Web 图形界面。

（10） CDR 格式——CorelDRAW 专属格式 CDR 格式是 Corel 公司旗下著名绘图软件 CorelDRAW 的专用图形文件格式。由于 CorelDRAW 是矢量图形绘制软件，所以 CDR 可以记录文件的属性、位置和分页等。但其兼容性比较差，在所有 CorelDRAW 应用程序中均能够使用，但其他图像编辑软件打不开此类文件。

1.4.2 纸张幅面与出血线

1. 纸张幅面

国际标准化组织的 ISO 216 国际标准指明了大多数国家使用的标准纸张的尺寸。此标准源自德国，定义了 A、B、C 三组纸张尺寸。我们比较熟悉的 A4 纸的由来，就是指 A4 纸是标准纸张被分割了 4 次。

A 组纸张原始大小是 841mm×1189mm，被定为 A0 幅面；

将 A0 幅面长边对半分割一次尺寸变为 841mm×594mm，就是 A1 幅面；

将 A1 幅面选长边再分割一次尺寸变为 594mm×420mm，就是 A2 幅面；

将 A2 幅面选长边再分割一次尺寸变为 420mm×297mm，就是 A3 幅面；

将 A3 幅面选长边再分割一次尺寸变为 297mm×210mm，就是 A4 幅面，可以以此类推一直分下去（图 1-22）。

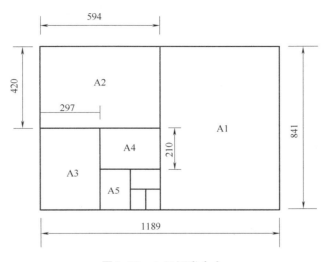

图 1-22　A 组纸张大小

B、C 组也是采用类似的分割和命名方式，B0 纸的原始大小为 1000mm×1414mm，C0 纸的原始大小为 917mm×1279mm，C 组主要应用于信纸。在计算机辅助平面软件中，都可以选择国际标准尺寸的预设，或者根据要求进行自定义设置（图 1-23）。

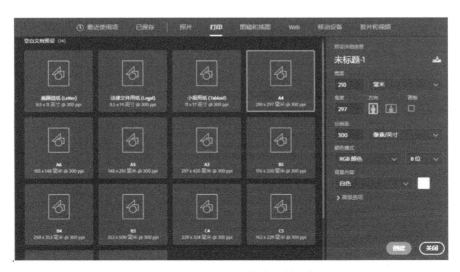

图 1-23　Photoshop 新建文件面板

2. 出血线

"出血"出现在平面设计里会让人觉得莫名其妙，实际它是印刷业的一种专业术语。

印刷品一般都需要裁切，而裁切印刷品使用的工具为机械工具，所以裁切位置并不十分准确，会有一定的误差。印刷中的"出血"是指加大产品外尺寸的图案，在裁切位置加一些图案的延伸，专门给各生产工序在其工艺公差范围内使用，以避免裁切后的成品露出白边或裁到内容。

一般设计师会在图片裁切位置的四周加上 2~4mm 预留位置"出血"来确保成品效果的一致。纸质印刷品所谓的"出血"指的就超出版心部分印刷，这样的画面称为"出血图"。

那 2~4mm 预留的线也就是"出血线"（图 1-24）。在设计制作印刷的平面作品时，分为设计尺寸和成品尺寸，设计尺寸总是比成品尺寸大，大出来的边是要在印刷后裁切掉的。

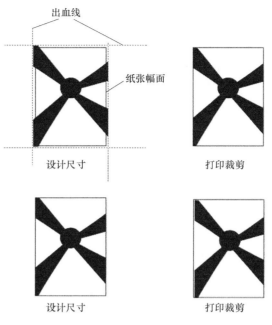

图 1-24　出血线的作用

Photoshop 基础

2.1　Photoshop 简介

Photoshop 原本是一个软件的名称，简称为 PS（图 2-1）。随着这个软件的广泛应用，"PS"已经演化为一个动词，"P 图"成为一切图片修改的专用指代。

图 2-1　Photoshop 图标

2.1.1　Photoshop 的成长史

Photoshop 改变了我们认识世界、感知现实，表达自我的方式。它不仅广泛应用于平面设计、桌面出版、图片修饰、彩色印刷品、辅助视频编辑、网页图像、产品设计以及动画贴图等传统设计和创意领域，甚至是办公文员、淘宝店家、科研工作者也需要掌握 Photoshop 的基本技巧，用于图像处理和编辑工作，和 Office 办公软件一样，Photoshop 已经成为现代人必备的技能之一。

提起 Photoshop 就会让人想起美国 Adobe 公司，因为 Photoshop 是该公司最为著名的产品，但是 Photoshop 这个软件最开始不属于 Adobe，它的设计者是 Thomas 和 John Knoll 两兄弟，现在也还可以在 Photoshop 的启动界面上看到他们的名字。

Adobe 公司收购了 Photoshop，并重新改良优化后，在 1990 年推出了第一代产品，打开了 Photoshop 时代。Photoshop 严格算起来属于 90 后，到现在为止已经 30 岁了。如果按照人的年龄来算，Photoshop 的发展也经过了幼年、少年、青年阶段，现在正在步入中年阶段。

通过为 Photoshop 画一幅人生简史，可以了解 Photoshop 主要的功能组成。

（1）幼年阶段（1990~1994） 在 1994 的 Adobe Photoshop 3.0 以前，Photoshop 基本处在幼年阶段（图2-2），在这个阶段 Photoshop 完成了从 DOS 系统向 Macintosh 和 Windows 系统的跨越。Photoshop 主要用于图片的处理，已经具备图层、路径功能的雏形（图2-3），特别是 CMYK 的色彩模式，奠定了 Photoshop 在印刷行业的垄断地位，可以说从小就已经具备王者之风了。

图2-2　1990~1994 年 Photoshop 的启动界面

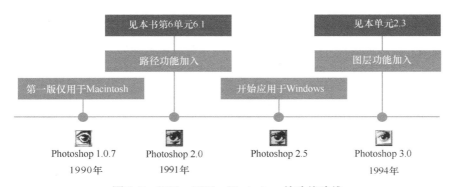

图2-3　1990~1994　Photoshop 的功能路线

（2）少年阶段（1995~2002） 1995~2002 年是 Photoshop 的少年阶段（图2-4），也是其重要的成长期，在这个阶段它的主要模块奠定了下来，形成了今天的样子。这个阶段，Photoshop 主要增加了历史记录和图层样式等功能，在互联网的第一次浪潮中，也增加了面向 Web 的功能。终于在 Photoshop7.0 时代，Photoshop 随着与数码相机的契合普及迅速一统江湖（图2-5）。

图2-4　1995~2002 年 Photoshop 的启动界面

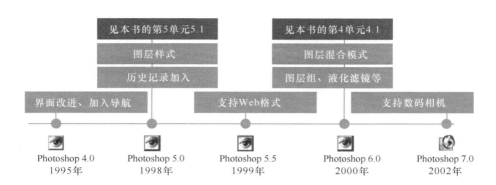

图 2-5　1995 ~ 2002 年 Photoshop 的功能路线

（3）青年阶段（2003 ~ 2012）　Photoshop 从少年时代进入了青年时代，也叫作 CS 时代（图 2-6），因为这个时期的 Photoshop 定位为 Creative Suite，也就是"创意集合"。Photoshop 不再只满足于图像处理，而更加注重为用户的创意表达提供自由度，开始引入 3D 和视频编辑模块，使操作更趋于人性化，这个时期智能图像编辑工具和管理工具也相继推出。特别是 2008 年 CS4 是 Photoshop 的成人礼，这个版本推出了一系列智能化、使用简捷的工具，号称是最大的改版（图 2-7）。

图 2-6　2003 ~ 2012 年 Photoshop 的启动界面

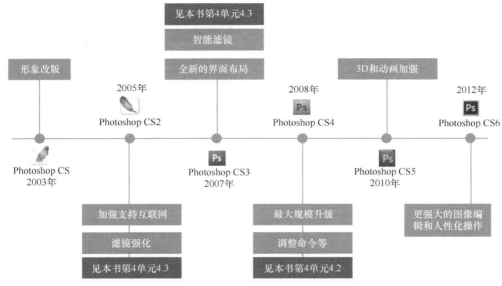

图 2-7　2003～2012 年 Photoshop 的功能路线

（4）中年阶段（2013 至今）　从 2013 年到现在，Photoshop 已经开始从青年时代走向中年时代（图 2-8）。从 CS 版本号转为 CC，开启了 Create Cloud "创意云"时代，这个时代的Photoshop 更加注重设计的人性化、智能化，随着大数据浪潮的到来，Photoshop 更加强调和Adobe 数据资源库和其他软件之间的相互包容。

图 2-8　2013 至今 Photoshop 的启动界面

进入"油腻"的中年时期后，Photoshop 几乎每年都推出新的版本，不断地优化用户体验，加强和互联网的衔接，但在基本功能上却没有大的变革。作为学习者和使用者也许对 Photoshop 的各个版本感觉有点眼花缭乱，但是 Photoshop 高低版本之间文件的兼容性却做得很好，不会给用户带来使用上的困扰。

2.1.2　Photoshop CC 界面介绍

打开 Photoshop 软件图标后并不会直接进入软件工作界面，而是进入"主页屏幕"（图 2-9），在主页屏幕上，可以浏览到之前编辑的文件，也可以通过登录 Creative Cloud 调用在线图片，还可以通过"新建""打开"按钮新建或者打开文件。

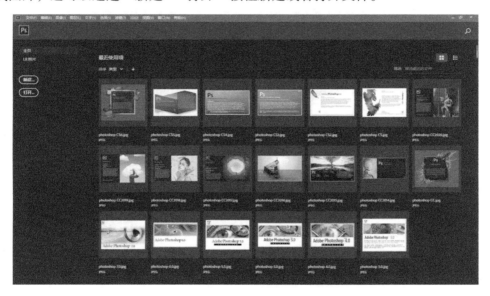

图 2-9　Photoshop CC 的初始界面

单击"新建"按钮后会启动新建预设窗口（图 2-10），在此窗口可以直接选择设计作品的规格。Photoshop 的设计作品主要面向印刷品、UI 界面和视频等，每一类在预设中都有对应的模板。

如"打印"类模板中，可以看到不同印刷纸幅面的模板。在"照片""打印"和"图稿"模板中，尽管幅面尺寸不同，但是图像分辨率默认

图 2-10　Photoshop 的新建窗口

都设置为 300，此模板主要是面向印刷行业的。

而面向"移动设备""Web"这些屏幕媒体时，图像分辨率设置默认为 72，在移动设备

中，针对不同型号的屏幕，包括苹果和安卓的产品，都有相应的屏幕分辨率设置。

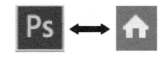

通过单击界面左上部的图标，可以在工作界面和主页屏幕之间进行切换（图 2-11）。

图 2-11 Photoshop 工作界面切换

Photoshop 的工作界面主要包括如图 2-12 所示几个部分，其中明确的分区包括菜单栏、工具属性栏、工具箱、作图区以及浮动面板，还有标尺和状态栏进行辅助。

图 2-12 Photoshop 工作界面

菜单栏：主要内容包括"文件""编辑""图像""图层""文字""选择""滤镜""3D""视图""窗口""帮助"11 项（图 2-13），每个菜单下拉内容都非常丰富。并可通过右边的 ━ ◱ ✕ 对软件进行"最小化""还原/最大化""关闭"的操作。

Ps 文件(F) 编辑(E) 图像(I) 图层(L) 文字(Y) 选择(S) 滤镜(T) 3D(D) 视图(V) 窗口(W) 帮助(H)

图 2-13 菜单栏

"文件"主要是负责文件的新建、打开、保存、导入、导出以及打印相关的管理功能。Photoshop 能够支持各种图片文件格式，包括几乎全部的位图格式、部分矢量图格式、视频音频格式以及部分三维数据格式。而文件的存储主要输出为各种位图格式以及少量的矢量图格式。

"编辑"包含了复制、粘贴和剪切等功能，也包括填充和变换功能；特别需要注意的是包含了 Photoshop 的系统设置，如"首选项""工具栏""菜单栏"和"快捷键设置"。

"图像"菜单栏中，"图像大小"和"画布大小"可以调整已有图片的幅面，"图像大小"会更改图片的大小，内容也会随之缩放，而"画布大小"只会改变图片的幅面而不改变内容。

工具属性栏：主要显示工具的控制选项，会随着工具的切换显示不同的编辑选项（图 2-14）。

图 2-14　工具属性栏

工具箱：默认的是单列显示，通过单击左上角按钮，可以实现双列与单列的切换，可适应用户不同的操作习惯。下一节会详细介绍工具箱。

浮动面板区域：默认的窗口区包括"颜色""色板""学习""库""调整""属性""图层""通道"和"路径"（图 2-15）。其中"学习"窗口主要是 Photoshop 面向初学者提供的一些参考教程。

除此以外，浮动窗口还有"3D""段落""动作"等 21 个窗口，可以通过菜单中的"窗口"下拉菜单打开或关闭。

窗口区的控制栏也可以帮助管理窗口。

作图区域：作图区域是工作界面中最大的显示区域（图 2-16），当用户希望它变得更大时，可以用"F"快捷键，在"正常菜单模式"、"带有菜单栏的全屏模式"和"全屏幕模式"三种模式之间进行切换。文件可以浮动显示，也可以紧贴工具属性栏显示。

图 2-15　浮动面板区域

图 2-16　作图区域

每个打开的文件上会显示文件的名称、显示百分比、色彩模式信息。在图片的边框还会显示标尺，使用者可以通过菜单的"视图"（快捷键"Ctrl + R"）打开标尺显示，标尺的单位可以根据需要设置。

状态栏：主窗口底部是状态栏，由三部分组成：文本行、缩放栏、预览框。

文本行：说明当前所选工具和所进行操作的功能等信息。

缩放栏：显示当前图像窗口的显示比例，也可以直接输入数值改变显示比例。

预览框：单击右边的箭头，打开弹出菜单，可以选择需要显示的相应信息。

工作区设置：Photoshop 为"3D""图形和 Web""动感""绘画"和"摄影"任务提供了不同的工作区预设，可以通过菜单"窗口"—"工作区"进行设置，或者在工具属性栏最右侧工作区设置中选择（图 2-17）。另外，"复位基本功能"能够在工作区被更改的情况下，重置到原来的预设。

图 2-17　工作区设置

2.1.3　Photoshop 的首选项设定

"首选项"在"编辑"菜单下拉列表中（图 2-18），其决定了 Photoshop 的工作状态，这些选项中有几项需要特别注意。

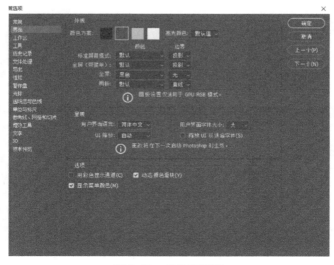

图 2-18　首选项面板

1）"界面"选项不仅可以使工作界面变酷，还可以对 Photoshop 界面中的显示语言进行设置，调整 Photoshop 界面中的文字大小。

2）"工具"选项中的"显示工具提示""是否使用富媒体工具提示""使用 shift 快速切换工具"决定是否打开工具提示以及工具切换的方式。

3）"文件处理"选项中的"自动存储恢复信息的间隔"这一项主要设置是否自动存储备份，以及自动存储的时间间隔，可避免未知原因造成的工作损失。

4）"性能"选项："内存使用情况"默认的占用硬件物理内存资源为 70%，此选项可以根据计算机性能进行调控。"历史记录状态"默认存储历史记录为 50 步，这是文件在操作过程中的历史节点，在关闭文件后会自动清除（图 2-19）。

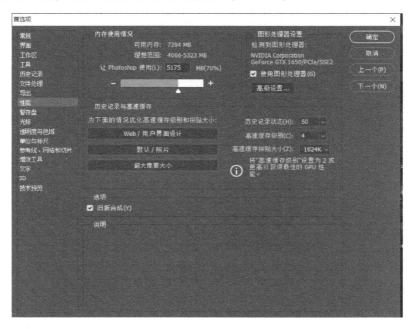

图 2-19　"性能"选项

5）"暂存盘"选项：最好勾选所有的硬盘。暂存盘是文件工作状态的虚拟存放空间，如果空间太小，可能会导致无法保存。

6）"参考线、网格和切片"选项：主要设置参考线的颜色和线条类型，在最新版本中可以设置路径的颜色和宽度，这是非常大的一个进步。

2.2　Photoshop 工具箱及快捷键

2.2.1　Photoshop 工具栏详解

论语有云："工欲善其事，必先利其器。"Photoshop 的工具箱（图 2-20）拥有近 70 个工具（图 2-21），可以分为单列显示和双列显示。为了方便理解，Photoshop 的工具大致可以分为四类，分别是"选取类""绘图修饰类""文字矢量类"和"辅助类"。

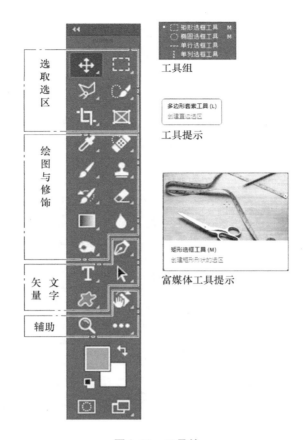

图 2-20　工具箱

　　Photoshop 工具分为了若干组，功能相同或者相似的工具放在一组，在很多工具的右下角都有一个小三角，这就意味着它是一个工具组。

　　为了方便用户使用，Photoshop 的每一个工具都有信息提示，这些信息提示有一些是富媒体信息，即通过一段小视频，非常形象地告诉人们这个工具的主要作用。有一些是文字提示信息，下面的文字"矩形选框工具（M）"显示这个工具的名称和它的快捷键 M，说明它的主要作用是创建矩形形状选区。

　　Photoshop 并没有为所有的工具提供富媒体信息，如"多边形套索工具"，当鼠标移动到上面后弹出的是一个提示信息，显示工具名称、快捷键和工具作用。

　　工具调用的快捷方式可以通过快捷键，如直接按键盘的"M"就可以调出"矩形选框工具"，需要注意的是中文输入法下快捷键是无效的。在工具组显示中，可以看到同组工具共用一个快捷键（图 2-21），同组工具切换的快捷键是"Shift + 快捷键"，如从矩形选框工具切换为椭圆选框工具，可以通过"Shift + M"实现。

　　工具栏中的每一个工具都有对应的工具属性栏，当选择一个工具时，它的属性栏就会自动切换。工具属性栏给工具的使用提供了更多选择，使工具的使用变得更加方便。

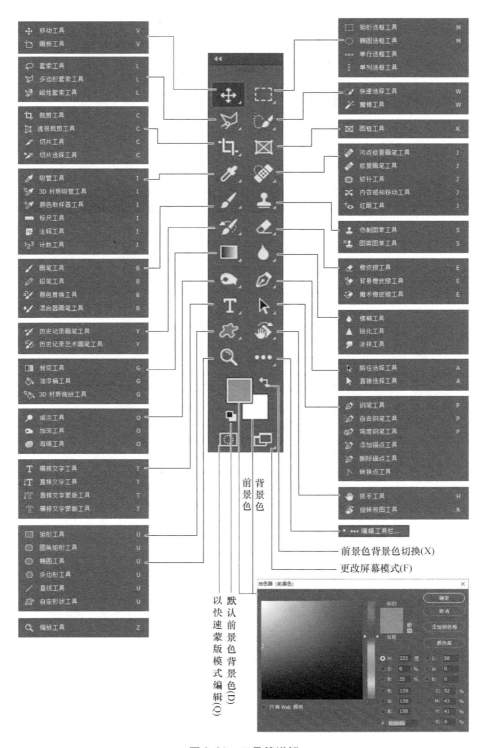

图 2-21　工具箱详解

工具栏下面的两个色块分别代表了前景色和背景色，可以通过鼠标左键单击色块，然后在拾色器中选取颜色。在前景色和背景色左下、右上还有两个小的图标，一个是切换"前景色和背景色"，另一个是默认"前景色和背景色"，也就是黑色和白色。前景色和背景色在绘图过程中具有非常重要的作用。

2.2.2　Photoshop 的快捷键

使用快捷键能够提高操作效率，下面列出 Photoshop 常用快捷键供读者查阅。

（1）工具箱快捷键　工具箱快捷键及功能见表 2-1。

表 2-1　工具箱快捷键及功能表

快捷键	功　能
V	移动工具、画板工具
M	矩形选框工具、椭圆选框工具
L	套索工具、多边形套索工具、磁性套索工具
W	魔棒工具、快速选择工具
C	裁剪工具、透视裁剪工具、切片工具、切片选择工具
K	图框工具
I	吸管工具、3D 材质吸管工具、颜色取样器工具、标尺工具、注释工具、计数工具
J	污点修复画笔工具、修复画笔工具、修补工具、内容感知移动工具、红眼工具
B	画笔工具、铅笔工具、颜色替换工具、混合器画笔工具
S	仿制图章工具、图案图章工具
Y	历史记录画笔工具、历史记录艺术画笔工具
E	橡皮擦工具、背景橡皮擦工具、魔术橡皮擦工具
G	渐变工具、油漆桶工具、3D 材质拖放工具
O	减淡工具、加深工具、海绵工具
P	钢笔工具、自由钢笔工具、弯度钢笔工具
T	横排文字工具、直排文字工具、直排文字工具蒙版、横排文字工具蒙版
A	路径选择工具、直接选择工具
U	矩形工具、圆角矩形工具、椭圆工具、多边形工具、直线工具、自定形状工具
H	抓手工具
R	旋转视图工具
Z	缩放工具
D	默认前景色和背景色
X	切换前景色和背景色
Q	切换标准模式和快速蒙版模式
F	更改屏幕模式

（2）操作中的快捷键技巧　界面操作快捷键及功能见表2-2。

表2-2　界面操作快捷键及功能表

快 捷 键	功　能
Tab	隐藏工具栏和调板
Shift + Tab	只隐藏调板
Ctrl + H	显示和隐藏参考线、选区、路径
Ctrl + R	显示和隐藏标尺
Ctrl + Tab	在打开文件中切换
Shift + 选择填充工具	前景色替换工作区背景

文件操作快捷键及功能见表2-3。

表2-3　文件操作快捷键及功能表

快 捷 键	功　能
Ctrl + N	新建文件
Ctrl + O	打开文件
Ctrl + S	保存文件
Shift + Ctrl + S	另存文件

图层操作快捷键及功能见表2-4。

表2-4　图层操作快捷键及功能表

快 捷 键	功　能
Ctrl + Shift + N	新建图层
Ctrl + Alt + Shift + N	新建图层（无对话框）
Ctrl + J	在新的图层复制当前图层或所选内容
Ctrl + E	合并图层
Ctrl + Shift + E	可见图层合并
Alt + Ctrl + Shift + E	盖印（会在合并可见图层的同时，保留原有图层）
Ctrl + G	图层编组
Shift + Ctrl + G	取消编组

编辑操作快捷键及功能见表2-5。

表2-5　编辑操作快捷键及功能表

快 捷 键	功　能
Ctrl + Z	撤销操作
Ctrl + Shift + Z	重做
Ctrl + T	自由变换
Ctrl + Shift + T	重复上一次自由变化
Shift	自由变换时等比例缩放
Alt + Backspace 或 delete	填充前景色
Ctrl + Backspace 或 delete	填充背景色

选择操作快捷键及功能见表2-6。

表2-6　选择操作快捷键及功能表

快　捷　键	功　能
Ctrl + 鼠标左键	选中图层、通道、路径载入选区
Ctrl + D	取消选择
Ctrl + Shift + D	重新选择
Ctrl + A	建立最大选区

调整操作快捷键及功能见表2-7。

表2-7　调整操作快捷键及功能表

快　捷　键	功　能
Ctrl + L	色阶
Ctrl + M	曲线
Ctrl + U	色相饱和度
Ctrl + B	色彩平衡
Ctrl + I	反相
Shift + Ctrl + U	去色

工具箱其他快捷键及功能见表2-8。

表2-8　工具箱其他快捷键及功能表

快　捷　键	功　能
CapsLock	常规：鼠标精确模式光标切换
Shift	添加
Alt	减少
以起始点为中心［Alt］	选区或形状工具
正方向或正圆形［Shift］	选区或形状工具
画直线（在起点单击）在终点［Shift + 鼠标左键］	画笔工具
［	增大笔刷
］	减小笔刷
Shift + ［	软化笔刷
Shift + ］	硬化笔刷
快速选择图层［Ctrl + 鼠标左键］	移动工具
任何工具下的快速调用［Ctrl］	移动工具
快速复制图层［Ctrl］拖拽	移动工具
快速调用［空格键］	抓手工具

以上快捷键使用频率较高，请各位读者在了解后结合操作实际掌握，Photoshop 还有更

多的快捷键帮助使用者提高操作效率，想了解更多快捷设置，可以通过"菜单"—"编辑"—"快捷键设置"或者通过"Ctrl + Shift + Alt + K"实现。

2.3　Photoshop 基础核心——图层

图层是 Photoshop 早期加入的功能，它是其他功能发展的基础。如果没有图层，无法想象作图将变得何等复杂，图层的功能被广泛应用到各类设计软件中，学习 Photoshop，可以从图层开始。

2.3.1　图层的思想

图层是一种图像的管理方式，它就像一沓含有文字或图形等元素的透明的玻璃纸，一张张按顺序叠放在一起，组合起来形成界面的最终效果（图 2-22）。通过图层可以将界面上的元素分别精确定位，图层中的内容可以是文本、图片、表格和插件，也可以是再在里面嵌套的图层。

图 2-22　图层分解

在图层上作画就像在一张张透明的玻璃纸上作画，透过上面的玻璃纸可以看见下面纸上的内容，但是无论在这一层上如何涂画都不会影响其他的玻璃纸。这些玻璃纸按照顺序叠放，上面一层会遮挡住下面的图像，但是可以改变叠放的顺序和各层的透明度来避免遮挡。最后将所有玻璃纸叠加起来就是看到的最终效果（图 2-23），也可以通过移动各层玻璃纸的相对位置或者添加更多的玻璃纸不断调整和完善。

图 2-23　图层合成

2.3.2　图层的控制面板

图层面板集是 Photoshop 多年图层管理功能之大成（图 2-24），功能相当强大，强大到让人看起来一头雾水。

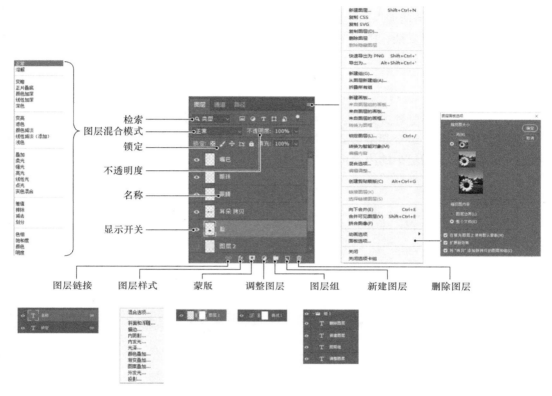

图 2-24　图层面板

基本的图层管理见表 2-9 及表 2-10。

表 2-9　图层管理操作表

操　作		功　能
图层选择	鼠标左键单击	选择单击的图层
	Shift + 鼠标左键	连续加选
	Ctrl + 鼠标左键	单独加选
	Ctrl + 鼠标左键	单独减选

表 2-10　图层管理图标表

图标/操作	功　能
👁	图层显示
双击名称	图层命名

（续）

图标/操作	功　能
拖拽	图层顺序
![新建图层图标]	新建图层
![删除图层图标]	删除图层
![图层分组图标]	图层分组
![图层锁定图标]	图层锁定
输入数值或拖动滑条	不透明度设置

合并图层、复制图层等操作没有图标，可对应查找相应快捷键或通过鼠标右键菜单调出。图层蒙版、混合模式、图层样式等内容属于较复杂的图层功能，会在后续单元中学习。

2.3.3　图层操作练习

下面通过一个简单的练习来学习图层的基本使用（图 2-25）。

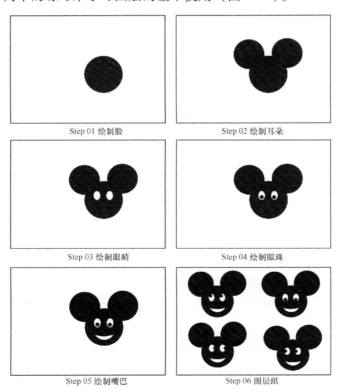

图 2-25　图层操作

2.3.4 图层的类别

Photoshop 中常用图层包括背景图层、像素图层、文字图层、形状图层、调整图层和智能对象，还有图框、视频等新的图层类型，每一种图层都有自己独特的用途。

（1）背景图层 背景图层（图2-26）是打开素材或者新建文件都会自带的一个图层，背景图层不能移动，不能改变透明度，不能隐藏，也不能重命名，清除的操作会自动填充背景色。改变背景图层的属性很简单，只要双击图层或者取消图层的锁定图标，就可以转化为一般像素图层。

图2-26 背景图层

（2）像素图层 像素图层（图2-27）是最常见的图层，也就是一般图层，在该图层所有的操作均可进行。有像素的地方显示像素，没有像素的地方显示棋盘格。

图2-27 像素图层

（3）文字图层 文字图层（图2-28）是文字输入产生的图层，该图层保留了文字的可编辑性。图层显示带有"T"图标，会自动用文字内容命名图层，也可以重新命名，双击图层可以重新编辑文字，在该图层正常图层操作不会受到限制。

图2-28 文字图层

（4）形状图层 形状图层（图2-29）是使用形状工具或钢笔工具创建的图层，形状中会自动填充当前的前景色。在产生形状图层时会自动产生形状路径，形状图层中的形状以矢量的形式进行编辑和调整，正常图层操作不会受到限制。

图2-29 形状图层

（5）调整图层 调整图层（图2-30）是菜单—图像—调整命令的扩展应用，该图层通过图层面板创建，自带蒙版可设置应用范围，并且可随时编辑前面的数值，可重复叠加。

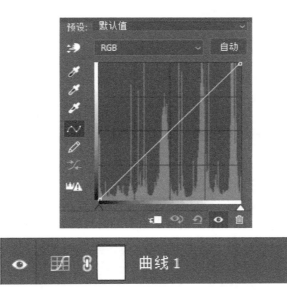

图 2-30　调整图层

（6）**智能对象图层**　智能对象（图 2-31）相当于是在当前文件中嵌套的另一个文件。智能对象可以是位图或矢量图，智能对象能保留图像的源内容及其所有原始特性，因为其执行非破坏性变换。在该图层可以对图层进行缩放、旋转、斜切、扭曲、透视变换或使图层变形，而这些操作不会丢失原始图像数据或降低品质，但是有些操作在该图层无法执行。

图 2-31　智能对象图层

（7）**填充图层**　填充图层（图 2-32）需通过菜单—图层—填充图层创建，包括纯色、渐变色、图案三种形式。填充图层指的是在所选图层的基础上，新建一个图层，该图层由颜色、渐变或图案填满，可以通过蒙版控制影响范围，并可单击前面方块，修改颜色、渐变或图案类型。

图 2-32　填充图层

（8）**图框图层**　图框图层（图 2-33）是 Photoshop 2019 新加入的工具，快捷键为 K。图框图层是智能图层的升级，不仅具备智能图层嵌套的特点，而且相当于可通过一个矢量蒙版对图片进行遮罩，当前图框图层有矩形和圆形两种形式。

图 2-33　图框图层

(9) 视频图层　视频图层（图 2-34）存储了视频信息，可以和正常图层一样操作，在进行变换时会转为智能对象图层。

图 2-34　视频图层

(10) 3D 图层　Photoshop 中的 3D 图层（图 2-35）相当于一个组合，可以通过菜单—3D—从文件新建 3D 图层，或者通过右键图层选择"从所选图层/选区新建 3D 图层"构建，构建完后会弹出 3D 设置面板，在图层中也可以进行单导纹理和光照的设置。

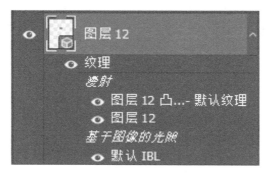

图 2-35　3D 图层

2.4　单元练习——2.5 D 几何体

本单元主要学习了 Photoshop 的发展历史，了解了 Photoshop 的界面布局和工具箱，学习了 Photoshop 的图层管理，下面我们就通过所学知识完成一组简单的 2.5D 几何体（图 2-36）的制作。

练习说明：

知识	1）Photoshop 图层的概念 2）立体图的明暗关系
技术	1）掌握 Photoshop 中的文件新建、保存 2）选区的建立 3）渐变工具的使用 4）图层管理 5）变形工具
能力	初步具备 Photoshop 的实践操作能力

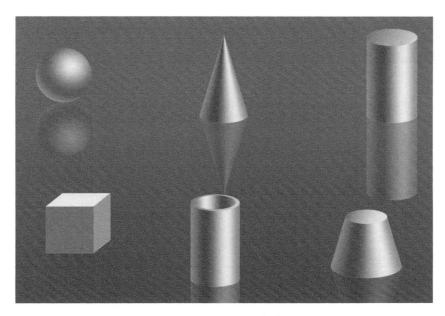

图 2-36　2.5 D 几何体

第 3 单元

Photoshop 辅助版式设计 （一）

3.1 版式设计基础

版式设计就是把给定的图片、文字、色彩和表格等信息进行排列组合，将内容准确、清晰、美观地传达给受众。平面版式沟通能力不仅是各类设计师都应该具备的基本能力，也是视觉传达设计、交互设计领域的基础内容。

版式设计看似简单，但是在设计展示和传达过程中的作用非常重要。有些人可能费尽心思，用了几天时间做设计方案，但是因为版式传达不得当，导致作品被严重低估，甚至受众纷纷表示看不懂。如同样是展示设计方案，可以通过对比来展示一下效果的差异：

好的版式如图 3-1 所示，糟糕的版式如图 3-2 所示。

图 3-1　好的版式

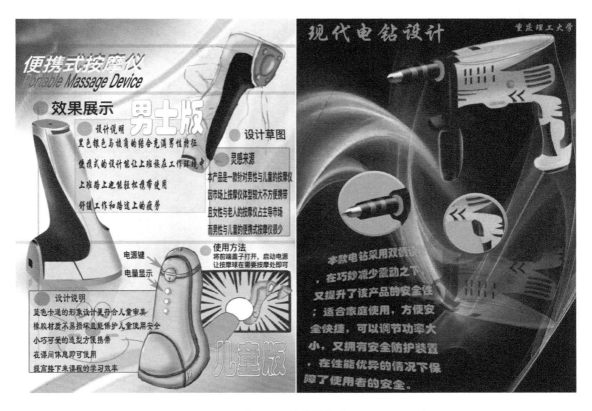

图 3-2　糟糕的版式

虽然设计者使用了洪荒之力，但是效果却适得其反。版式设计是一门很深的学问，本书仅介绍下面几个简单的原则，可让版式排布显得专业一些。

3.1.1　清晰的素材

分辨率越高，素材就越清晰，不同展示的媒介要求不同的分辨率。通常情况，印刷品需要较高的分辨率（150～300DPI），并且幅面较大；而在网上展示的图片为了在线浏览顺畅和数据传输需要，会尽量压缩图片的尺寸，降低图片的分辨率。因此网上搜索的图片资源虽然比较丰富，但是图片的清晰度无法保证。

在设计过程中，设计者经常会使用一些位图素材，如果随意使用一些不清晰的图片，会使作品画面充满山寨气质。但是好的素材来源有可能会涉及知识产权的问题，或者需要支付使用费用。

使用清晰的素材能够提高版面的质感，如前文第三个案例的版式（图 3-3），背景使用了较多分辨率低的素材，如果更换成清晰度高的素材是不是氛围会好些呢？

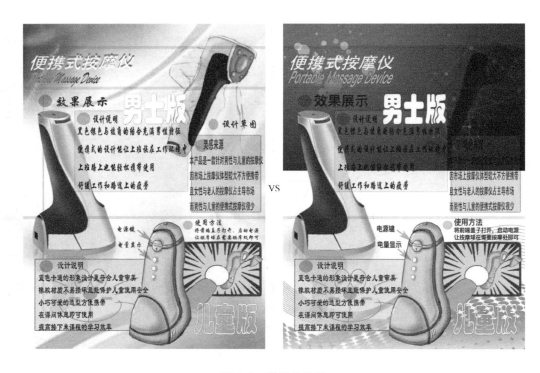

图 3-3   素材分辨率

3.1.2   统一的元素

人们接收信息的能力是有限的，因此人们一般比较喜欢能够简化认知负担的画面。如当人们看到杂乱无章的菜市场，会觉得心烦意乱，而看到阅兵方阵时会觉得震撼和愉悦（图 3-4）。虽然方阵中的人比菜市场多，但是统一的着装、统一的动作，看起来十分和谐。

图 3-4   杂乱与统一

"少就是多"是设计大师密斯凡德罗提出的设计原则，在版式设计中有一个简单的"三三"法则适合初学者，就是整个版面中所使用字体、主色彩和图片的种类不要超过三种。

在图 3-3 的版面中，可以看到字体、颜色和图片种类非常多，虽然字体的颜色是统一的，但是用到了五六种字体，并且为了把过多的文字都排进去，每一段的行距和字距都不一样，导致每一段文字都有些许不同，这样来看是不是很像菜市场呢？图中的图片素材有的表现出真实质感，有的类似于卡通效果，有的又是手绘线图，文字和图片交叉在一起。最终，排版的设计师用了很大的力气，营造了一片杂乱无章的氛围。

对图 3-3 中版面修改的方式就是简化，首先设置它的字体全部为微软雅黑，并统一所有字体的间距和行距。过多的内容是增加混乱的根源，舍弃儿童版的内容，并把剩下的内容合理分布（图 3-5）。

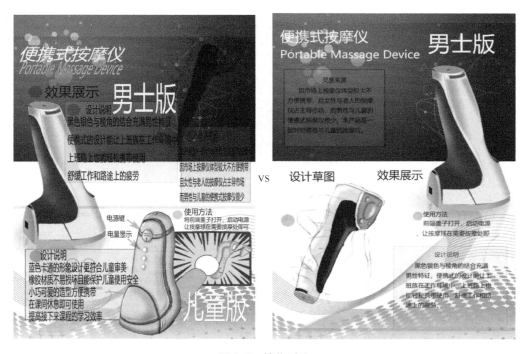

图 3-5　简化对比

现在画面看起来是不是清爽了很多？

3.1.3　分层对比

当版式内容较多时，需要从主到次，从大到小，把内容分级，减少受众的认知负担。在设计上有一定的层次感，同一层级的内容在字体和颜色上应保持一致，而不同层次的内容可以使其具备足够的区分度，做到一目了然。

针对上面的版面，可以看到上面标题"便携式按摩仪""男士版"的中英文是第一级，"灵感来源""效果展示""使用方法""设计草图"和"设计说明"是第二级，其他的图片和文本内容是第三级。

针对这种层级的设定，第一级标题字体最大，第二级字体次之，第三级最次。为了和背景有足够的区分，在不改变字体样式和大小的情况下，采用深色底色来反衬标题，使其更加醒目，具备较高的识别性。这里使用的深色底色是产品上具备的深蓝色，整个版面用的基本也是蓝色系，这样就对应了上面讲的一点——形式统一（图 3-6）。

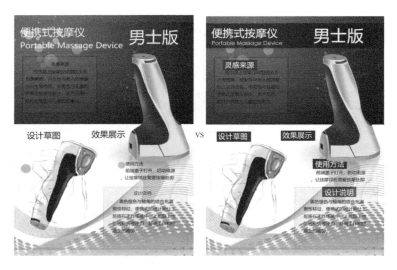

图 3-6　分层对比

3.1.4　分组对齐

经过素材的整理、形式的统一，再将整个内容分层对比，整个版面已经比开始好了很多，但是画面还是有些凌乱，这是因为内容没有对齐，内容的位置都是各自为政的，摆放得比较随意。

版面设计中对画面的分割有各种类型，包括水平型、垂直型、斜线型、对称型以及散点型等，但是使版面具备秩序感最简单的方式就是对齐，常见的对齐方式包括左、右、上、下和居中对齐。只要遵守对齐原则，画面立刻变得干净规整。需要注意的是，对齐不仅指位置相邻的元素之间对齐，也指同级别对象要对齐，距离较远的元素也要遥相对齐。

通过让上面的这个版面中各个元素之间分别对齐，即左边标题的文字和左边二级标题、文本、图片都要垂直对齐（图 3-7）。右边的标题和右边的文字、标题和图片也都垂直对齐，在中间的位置，也尽量要让标题间水平对齐，文本框线间垂直对齐。在 Photoshop 中，通过"菜单"—"视图"—"对齐"，可以打开智能自动对齐，在使用移动时该图层就可以自动和其他图层、文档边界、参考线、网格和切片对齐。

只要遵循了基本的设计原则，版面即使不是很出彩，也可以中规中矩，保证信息传达的清晰度和准确度。

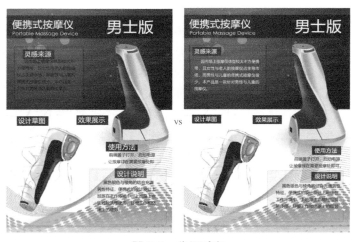

图 3-7　分组对齐

在中规中矩的基础上，再加上一点设计就能使版式看起来有趣一些。为了使手绘的草图更加丰富，形式更加统一，可以通过分割板块，把一张图分割成多张小图进行展示。在整体蓝色的基调上，在标题上增加一点对比的颜色，可以使画面有趣味一点；还可以加粗一点字体，强调重点。这些技巧需要积累经验，再加上一点创新（图 3-8）。

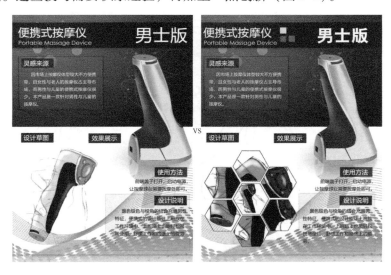

图 3-8　丰富趣味

最后回顾一下整个过程（图 3-9），在设计一张版面时，首先要保证选择素材清晰，使版面中各个元素统一，字体、颜色、图片的种类都要整体协调，并且相互呼应。对于版式内容中，相同层级的素材要统一，不同层级的素材要有对比，要拉开差距。所有的素材无论是相邻的还是不相邻的，在版面中都有一个无形的线保证他们分组对齐。最后再想办法在版面上加一点亮色，或者学习一些优秀的做法，使版面看起来更有创意。

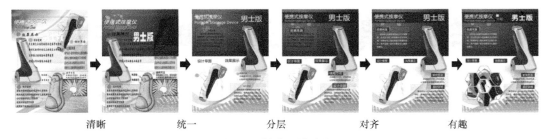

清晰　　　　　　统一　　　　　　分层　　　　　　对齐　　　　　　有趣

图 3-9　版式设计流程

3.2　字体应用与设计基础

版式中包含有文字、色彩和图形这几个要素，文字是传递信息最为准确的，也经常让设计者觉得无从下手。文字本身既是图形信息，又含有文字所表达的内涵信息，是主要的信息载体，因此光是字体的选择就会让人觉得很纠结。

文字字体的演变体现了文明的沉积和传承，传统意义上的字体是一种文化发展的片段。中文目前是全世界被最广泛使用的象形文字，也是中华文明传承了 5000 多年的结晶（图 3-10）。我国传统字体中，按照历史发展脉络大致有：源于秦代之前的篆体，源于秦汉的隶书，成熟于唐代的楷体，从名称就知道是创于宋代的宋体。

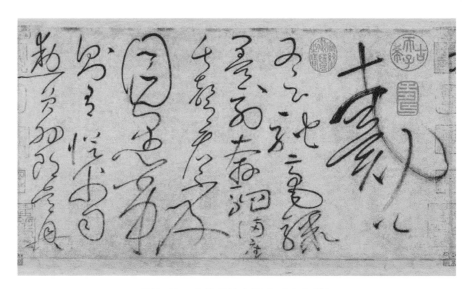

图 3-10　唐代书法家怀素《自叙帖》

近代后，随着现代印刷技术和版式设计发展的需要，人们不仅对传统字体进行了改良，还衍生出了仿宋、黑体这样的印刷字体。现代设计产生以来，随着审美的多样化和设计技术的发展，更多的字体样式被设计出来，仅仅黑体就有各式各样的变化（图 3-11）。

Adobe黑体　华光美黑　黑体
微软雅黑　　方正姐谭黑简体
思源黑体　　造字工房郎倩
方正中倩黑体　华文细黑

图 3-11　各式各样的黑体

字体设计的发展一方面使字体设计成为一个专业的设计领域，另一方面也促进了字体使用版权的重视。一般字体版权使用费主要针对的是商业行为，随着互联网的快速发展，海量界面设计中字体的应用使版权问题变得更为突出，但是一些字体设计方也提供了很多的免费字体，如思源、方正、华康和站酷等。

在 Photoshop、Illustrator 等软件中都有相应的文字输入和管理工具，文字工具（图 3-12）主要包括字体、大小和排列对齐方式等几项设置。

图 3-12　文字工具

文字工具虽然简单，但是文字处理不当，就会使版面显得凌乱不堪，下面来学习字体排版的主要几个基本原则。

3.2.1　文字的可读性

版面上的文字主要是为了方便受众阅读的，保证文字的可读性首先需要选用清晰的字体。不同的用途需要选用不同的字体，常用的字体分为衬线字体和非衬线字体两大类（图 3-13）。

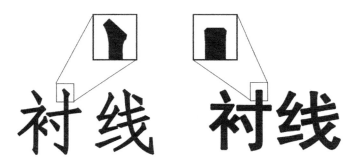

图 3-13　衬线字体与非衬线字体

衬线字体是在字的笔画开始、结束的地方有额外的装饰，而且笔画的粗细会有所不同。常见的衬线字体有中文的宋体、仿宋。而非衬线字体指的是没有这些额外的装饰，而且笔画的粗细差不多的字体。该类字体通常是机械的、统一的线条，它们往往拥有相同的曲率，笔直的线条，锐利的转角。常见的非衬线中文字体有微软雅黑、黑体。

衬线字体能够使每个笔画和字母都有比较强的识别性，可以减少误读，可以让文字看起来比较有历史和文化的沉淀，比较适合大量文字信息的阅读，所以一般适用于书籍报刊的正文和体现历史底蕴的场合。

而非衬线字体比较时尚简约，优雅端庄，给人一种干净、大气的感觉，常用于高端品牌或发布会现场等。随着互联化引起的数字文化普及，非衬线字体现在被应用得越来越广泛（图 3-14）。

图 3-14　衬线字体与非衬线字体的运用

所以一般在海报、广告、交互界面设计或者 PPT 界面设计当中，非衬线字体更加适合清晰地传达信息，如图 3-15 所示的产品展板的设计。

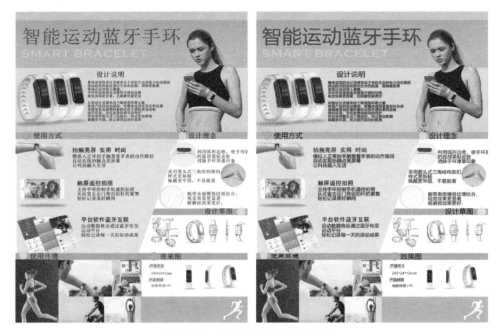

图 3-15　展板中的衬线与非衬线

原来的展板排布得比较中规中矩，但是用的是仿宋字体，因此文字看起来不够有力，现在把所有的字体全部换成微软雅黑，文字的识别性就增强了。

影响文字可读性的，除了文字的字体，还有行间距和字间距。在正文文字较多的情况下，过小的行距使内容过于集中，阅读起来很费力，因此可以扩大文字的行间距，让文字之间透透气，阅读起来也会更加轻松自如（图 3-16）。

先帝创业未半而中道崩殂，今天下三分，益州疲弊，此诚危急存亡之秋也。然侍卫之臣不懈于内，忠志之士忘身于外者，盖追先帝之殊遇，欲报之于陛下也。诚宜开张圣听，以光先帝遗德，恢弘志士之气，不宜妄自菲薄，引喻失义，以塞忠谏之路也。

先帝创业未半而中道崩殂，今天下三分，益州疲弊，此诚危急存亡之秋也。然侍卫之臣不懈于内，忠志之士忘身于外者，盖追先帝之殊遇，欲报之于陛下也。诚宜开张圣听，以光先帝遗德，恢弘志士之气，不宜妄自菲薄，引喻失义，以塞忠谏之路也。

图 3-16　文字的行间距

对于单行较小的文字，可以适当增加文字的字间距，增加文字的可读性。而对于较大的文字，可以适当缩小文字之间的间距，使文字看起来更加紧凑，同时也体现较强的冲击力（图 3-17）。

小　的　字　可　以　增　加　间　距

大的字可以减少间距

图 3-17　不同大小文字的字间距

　　文字排布的时候，还需要考虑用户的阅读习惯。现代人的阅读习惯是从左往右、从上到下，那么排布文字的时候，就应该按照阅读顺序或者重要程度来安排文字的位置（图 3-18）。

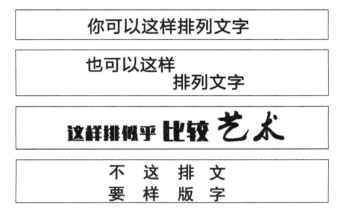

图 3-18　文字排列顺序

　　再次回到上文图 3-15 中的展板，设计者可以将正文的行间距增加，将小字的字间距也适当增加，保证整个版面文字的行间距一致，虽然字号比刚才小了一些，但是反而增加了文字的可读性（图 3-19）。

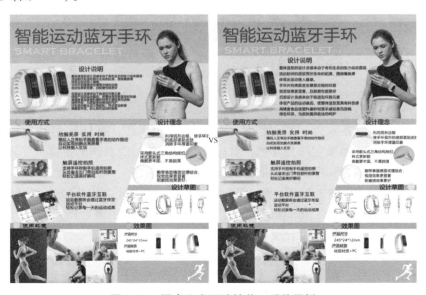

图 3-19　提高文字可读性前、后的展板

针对不同的媒介，字体的大小设置也不一样，字体大小和媒介尺寸的大小与受众的距离有关。过小的字体看不清，而过大的字体会使版面显得拥挤，在不同的媒介上有一些约定俗成的规则，如网页设计中，中文字体一般用 14px 作为字体大小，而 16px 为中等字体，18px 为较大字体，12px 为偏小字体，其他媒介的版式设计中也有类似的一些总结的规范。总体来说，文字排布时每段文字的每一行字数，尽量不要超过 20 个，保持整段文字的行间距在半倍字号大小。

3.2.2 文字与整体氛围契合

俗话说字如其人，版式设计中，字体和主题氛围之间也应该有一定的呼应关系。字体的笔锋和转折体现了不同的调性，不同的字体适合不同版式设计氛围（图 3-20）。如果版式的主题是男性，就需要使用阳刚硬朗的字体，笔画转折棱角分明，如方正粗谭黑简体。

图 3-20　字体的氛围

如果版面主题氛围是女性，就可以使用纤细柔美的字体，字体比例端庄，线条细腻婉约，如方正中倩简体。如果主题是儿童，就可以选用一些活泼自然的字体，字体比例可以不那么规范，但是具备活力和趣味，如华康海报体 W12。

回到刚才上文图 3-19 中产品展板，展示主题是运动手环，内容既有运动，又有科技，整个画面氛围比较偏向女性，可以将标题改为造字工房朗倩字体，将正文改为方正中倩简体，这样的字体比微软雅黑更符合展板的调性（图 3-21）。

如果不清楚字体的性格或调性，网上有很多设计师对字体应用做的总结，可以帮助初学者更好地理解字体调性，但是设计人员更需要在平时多做积累，掌握一套自己用起来比较顺手的字体库。

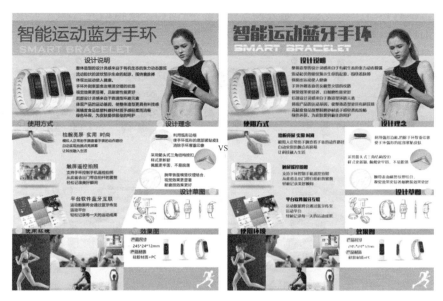

图 3-21　改变字体氛围前、后的展板

3.2.3　文字的艺术表达

文字也是图形，也可以进行图形的设计。即使不从事字体设计工作，而只是选择一些文字进行有创意的设计表达，也可以使文字成为整个板式的点睛之笔。一般给定的字体是通用性的成套字体，在此基础上稍加变形，就能产生一些比较有趣的设计。

在智能运动蓝牙手环产品展板中，我们把第一个字"智"提出来，然后根据手环的形态对它进行变形，用对比色强化，就可以使整个版面更有设计趣味（图 3-22）。

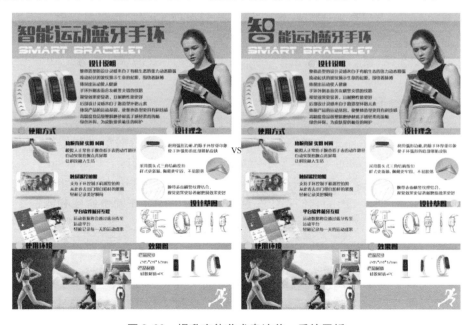

图 3-22　提升字体艺术表达前、后的展板

文字的艺术表达有多种方法，如替换、共用、叠加和分解重构等，如一个茶字，可以做出多种的艺术设计（图3-23）。

图 3-23　字体的艺术表达

这一节讲了字体应用与设计的简单原则，首先通过字体、间距、大小与位置增加文字的可读性，然后再注意选择字体和主题之间的契合度，最后通过文字的艺术表达点睛（图3-24）。

字体的可读性　　　　　　　　　版式的契合度　　　　　　　　字体的创新

图 3-24　字体运用的流程

3.3　Photoshop 的选择工具

移动选择工具是 Photoshop 的基本工具，在对一个图片或者对象进行编辑时，经常需要确定编辑的范围或者操作的对象，本节学习如何建立合适的选区。Photoshop 为各种选区的建立提供了多种工具，主要包括规则选择工具组、套索工具组和魔棒工具组，其中需要着重掌握"羽化""容差"等，因为它们不仅在选择命令中出现，在调整命令和滤镜中也经常被使用到。

3.3.1　规则选择工具

规则选择工具就是创建矩形和椭圆形的规则选区（图3-25），可通过左键拖动建立选区，也可以通过快捷键建立选区；需要注意的是快捷键："Alt"键是从中心点创建选区，"Shift"键是建立正圆或者正方形选区，"Alt + Shift"键就是从中心点建立正圆或正方形选区（图 3-26）。

图 3-25　规则选择工具

图 3-26　选择的方式

在选择属性栏里（图 3-27），可以设置建立新选区的方式，图形比较形象，一目了然。

图 3-27　选择属性栏

选择属性栏从左至右依次是：

1）新选区：每次左键拖动都建立一个新选区。

2）添加到选区：在原有选区基础上添加一个区域。

3）从选区减去：在原有选区基础上减去一个区域。

4）与选区交叉：取与原有选区的交叉区域。

5）羽化值：建立选区的虚化程度，数值越高虚化程度越高（图 3-28）。羽化值越大，虚化范围越宽，也就是说颜色递变得越柔和。羽化值越小，虚化范围越窄，可根据实际情况进行调节。

图 3-28　羽化值

6）选择样式包括：

① 正常：左键滑动建立选区。

② 固定比例：水平和垂直方向按照固定比例建立选区。

③ 固定大小：水平和垂直方向按照固定像素值建立选区。

3.3.2 套索工具组

套索工具（图 3-29）主要通过鼠标建立不规则选区。套索工具共包括三种："套索工具""多边形套索工具""磁性套索工具"（图 3-30）。套索工具是将鼠标左键按下后的轨迹转化为选区，在轨迹不封闭的情况下，自动用直线补齐；多边形套索工具是将鼠标左键单击记录的连线转换为选区，需要回到初始点确认；使用磁性套索工具在选择边界移动时，可以自动对像素进行区分建立选区。

图 3-29　套索工具

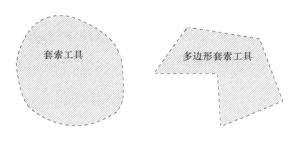

图 3-30　不同的套索

套索工具组和规则选择工具组有一样的新建选区方式（图 3-31）。需要注意的是：磁性套索属于早期的智能化工具，有宽度、对比度和频率参数。

图 3-31　套索属性栏

1）宽度：进行智能区分计算的范围。

2）对比度：智能区分计算的阈值，对超过此对比度的像素进行区分。

3）频率：锚点的密度，其数值越高，点数越多。

套索工具中的各项工具同样也可以进行加选、减选和交叉等操作。当前版本的 Photoshop 钢笔工具的自由钢笔工具可以实现套索工具的三种功能，详细内容请参看本书的 6.1.1。

3.3.3　魔棒工具组

魔棒工具组（图 3-32）包括"魔棒工具"和"快速选择工具"两个工具："魔棒工具"通过鼠标左键单击，选取和鼠标选取点相近的像素；"快速选择工具"是通过鼠标左键按下后移动，选择相邻、相似的像素。

图 3-32　魔棒工具组

魔棒工具也是 Photoshop 的传统工具，在工具属性栏中（图 3-33），可以设置取样大小，取样可以是点、3×3、5×5 等。容差指的是和选取点相近的颜色范围，容差越大，选取的范围也越大（图 3-34），其数值在 0 ~ 255 范围内。容差在很多命令中都会出现，通过下图说明容差在不同数值时选取的范围不同，为了便于观察，将选区填充为灰色。

图 3-33　"魔棒工具"与"快速选择工具"的属性栏

容差=16

容差=32

容差=64

图 3-34　容差值

合理利用容差值，并结合选区加减功能，可以用魔棒工具快速建立想要选择的颜色区域。

"快速选择工具"弥补了"魔棒工具"的不足，主要功能是选择连续的相似像素，作用是快速选取物体。和"魔棒工具"相比，"快速选择工具"是以选择物体为目标的，"魔棒工具"是以选择相近色彩为目标的；和"磁性套索工具"相比，"快速选择工具"是在物体内部快速推动，自动确定边界，而"磁性套索"是在对象边界移动，智能建立选区。

3.3.4 选择并遮住

"选择并遮住"（图 3-35）是 Photoshop 早期版本中"调整边缘"的升级，出现在所有选择工具的属性栏中，也可以通过"菜单"—"选择"—"选择并遮住"，打开后会弹出一个窗口，专用于选择比较复杂的对象。"选择并遮住"打破了各选择工具的界限，结合了"快速选择工具""调整边缘画笔工具""套索工具"等工具的选择方式。

图 3-35　选择并遮住

"选择并遮住"的工作窗口，左侧包括"快速选择工具""调整边缘画笔工具""画笔工具""套索工具"以及"移动"和"缩放视图"工具。右侧包括"视图模式""边缘检测""全局调整"与"输出设置"等选项。设置如此复杂，可见"选择并遮住"工具的功能是十分强大的。这里只介绍"选择并遮住"的基本操作思路（图 3-36）。

"选择并遮住"包括"选择"和"遮住"两个动作，首先要选择合适的范围，然后将选区以外其他的区域遮住，"遮住"的功能是通过蒙版实现的，蒙版详解请见本单元 3.5 小节。如面对图中这种细节复杂的对象时，"视图模式"在"叠加"模式下，首先通过快速选择工具建立主体区域，然后通过调整边缘画笔智能确定周边的细节，再通过画笔或快速选择工具修改细节，最后单击确定就可以将主体选出，并将背景遮住。通过"Ctrl + 左键"单击图层蒙版就可以建立选区。

图 3-36　"选择并遮住"的基本操作

本节主要学习了 Photoshop 系列选择工具，可以应对规则选择、不规则选择、指定对象选择及复杂对象提取等不同选择任务。

3.4　Photoshop 通道详解

3.4.1　什么是通道

了解和掌握 Photoshop 的"通道"是深入学习图像处理的必经之路，但是"通道"的名称却加大了人们理解它的难度。中文的"通道"有"往来的大路，通路"的意思，但是 Photoshop 的"通道"和这个含义完全没有任何关系。

Photoshop 的"通道"（图 3-37）是用来存储信息的，主要是用来存储颜色信息的。图层面板旁边就是通道面板，打开任何一张图片，都会显示出若干个通道，通道中显示的是黑白色的灰度图，这灰度图就是颜色存储的信息。

图 3-37　通道

在本书第 1 单元 1.3 节色彩模式中，详细讲解了色彩模式。当前文件点开通道面板，目前显示的通道有 4 个，最上面的是 RGB，被称为"复合通道"，往下依次为红、绿、蓝三个颜色的通道（图 3-38）。可见通道和色彩模式是有关的。

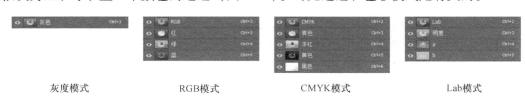

灰度模式　　　　　RGB模式　　　　　CMYK模式　　　　　Lab模式

图 3-38　不同色彩模式的通道

通道是如何存储颜色的呢？在 Photoshop 使用颜色取样器工具，在图中分别放置两个取样器。在右边信息窗口区，就可以看到两取样点的 RGB 数值，分别为 208（R）、68（G）、40（B）和 63（R）、138（G）、55（B）（图 3-39）。

然后依次单击 RGB 模式下的各个通道，可以看到三个通道下图片的尺寸和分辨率是完全一样的，而且显示出来的数值分别为 RGB 的数值。由于三个数值相等，所以呈现出来的是黑白灰色。也就意味着红、绿、蓝三个通道分别存储了每个点上的 R、G、B 数值。由于存储的是单色色值，所以呈现出来的是灰度图，其他色彩模式也同理（图 3-40）。

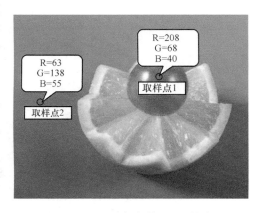

图 3-39　不同颜色的 RGB 信息

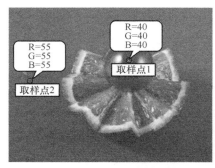
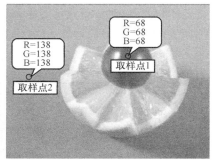
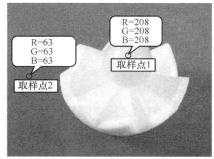

图 3-40　通道中的 **RGB** 信息

3.4.2　通道分解

　　颜色通道主要是用来存储单色颜色的分布信息。在计算通道数量时，一般不计算复合通道，RGB 色彩模式有三个通道，CMYK 色彩模式有青、红、黄、黑四个通道，灰度模式只有一个通道。

　　颜色通道是怎么合成颜色的呢？以"通道解析"这张图片为例（图 3-41），可以演示 RGB 通道合成的原理。这是一张火焰的图片，如果用通常的抠图方法是很难抽离它的，但是可以通过通道重新还原这个火焰。

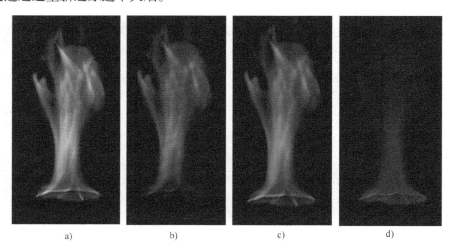

图 3-41　通道的解析

a）混合通道　b）R 通道　c）G 通道　d）B 通道

在面板中显示有红、绿、蓝三色通道，首先新建一个图层，填充为黑色作为底色，然后隐藏这个图层。再新建一个图层，进入通道面板，用"Ctrl + 左键"选取红色通道中作为选区，回到新建的空图层，填充红色（R = 255，G = 0，B = 0），然后隐藏这个图层。再新建一个新的图层，载入绿色通道的选区，在新建的空白图层中，用绿色（R = 0，G = 255，B = 0）填充，再隐藏这个图层。用同样的方法抽离蓝色（R = 0，G = 0，B = 255）。

最后关闭背景图层，打开黑色图层和刚才抽离的三色图层，将三色图层的混合模式修改为"滤色"，就可以把火焰抽离出来了（由于 Photoshop 2019 CC 以后的版本对图层合成方式做了一些改变。在"菜单"—"编辑"—"首选项"—"性能"中选择"旧版合成"重新开一次 Photoshop）。

3.4.3　通道的作用

了解了颜色通道的原理，下面来了解一下通道的具体用途：

1. 通过颜色通道调整颜色

由于通道分别存储了不同颜色分布的信息，可以通过修改单个通道的色值精确控制图片的色彩。

如打开"树林"范例文件，在图层右下角的调整图层中，打开通道混合器，在调整面板中把原来红色和绿色源通道中的红色输出加强，降低蓝色通道的红色输出，瞬间所有的叶子都红了，这片树林就从夏天变成秋天。还可以再为它增加一个"黑白"调整图层，把图层混合模式调整为"滤色"，提升红色、黄色的值，拉低绿色和青色的值，树林就进入了冬天，但是上面的光线太强，可以回到通道混合器的调整图层，修改蓝色输出，将红色的源通道提高蓝色输出（图 3-42）。

图 3-42　改变通道数值的效果

也可以进入通道，在"菜单"—"图像"—"调整"里面选择"反向"，画面的色彩氛围会产生很多有趣的变化（图 3-43）。

图 3-43　通道数值反向的效果

图 3-43 通道数值反向的效果（续）

2. 通过通道建立选区

通道经常用于提取比较复杂的对象。如图 3-44 所示，打开案例文件"头发"，检查一下对比度，然后把对比最明显的蓝色通道复制一份，通过"菜单"—"图像"—"调整"—"曲线"工具进一步拉大对比，再用黑色画笔将主体部分涂成黑色，然后用"Ctrl + 鼠标左键"载入选区，反向，最后回到图层面板复制粘贴，就可以把人物连同头发从背景中分离出来（思考一下：和上一节选择并遮住案例有什么区别）。

图 3-44 通过通道建立选区

3. 通过通道建立存储选区

通道还可以用于存储选区（图 3-45），由于文件关闭后历史记录和选框都将消失，可以将一些比较重要的选区转为通道，只需要在选区中右键存储选区，就会自动弹出相关设置并存储为通道了。

在 Photoshop 中的通道可以分为下面几类：

（1）复合通道 复合通道不包含任何信息，实际上它只是同时预览并编辑所有颜色通道的一个快捷方式。它通常被用来

图 3-45 存储选区

在单独编辑完一个或多个颜色通道后，使通道面板返回它的默认状态。复合通道通常不计入通道数量。

（2）**颜色通道**　一个图片被建立或者打开以后是自动创建颜色通道的。查看单个通道的图像时，图像窗口中显示的是没有颜色的灰度图像，通过编辑灰度级的图像，可以更好地掌握各个通道原色的亮度变化。

（3）**Alpha 通道**　Alpha 通道是计算机图形学中的术语，指的是特别的通道。它通常的意思是"非彩色"通道。Alpha 通道是为保存选择区域而专门设计的通道，在生成一个图像文件时并不是必须产生 Alpha 通道。

（4）**专色通道**　专色通道是一种特殊的颜色通道，它可以使用除了青色、洋红（也叫作品红）、黄色和黑色以外的颜色来绘制图像。在印刷中为了让印刷的作品与众不同，往往要做一些特殊处理。如增加荧光油墨或夜光油墨、套版印制无色系（如烫金）等，这些特殊颜色的油墨（称其为"专色"）都无法用三原色油墨混合而成，这时就要用到专色通道与专色印刷了。

3.5　Photoshop 蒙版详解

Photoshop 没有为蒙版设置窗口面板，但是蒙版功能却融入了图层、选区、文字和矢量等各种工具中，是属于平面素材合成的底层逻辑。蒙版可以精确控制图层区域内部分内容的隐藏或显示，而不更改图层的像素。也可以在蒙版上应用各种效果，而不损坏该图层的图像本身。这些功能看起来不太起眼，但作用重大。

3.5.1　什么是蒙版

上一节学习了通道的核心作用是通过灰度图来表达颜色的分布信息。蒙版与通道类似，它主要通过灰度图表达图像的透明度变化。"蒙版"并非单独的图层，它是依赖于图层而存在的，主要作用在"蒙"字，就是对指定图层添加一个遮罩，遮罩可以是透明的，也可以是不透明的，这样就可以显示或隐藏图层的内容了（图 3-46）。

图 3-46　蒙版的作用

蒙版最主要应用在图层，在拥有一定选区的情况下，单击图层面板下面的"添加图层蒙版"就能为图层添加一个蒙版（图 3-47）。

蒙版自动和图层有一个链接关系，蒙版中黑色表示图层内容完全透明，不显示出来，而白色表示图层完全不透明，完全显示出来。如果没有选区，直接单击"添加图层蒙版"，添加的蒙版是全白的。蒙版的操作方式如下：

1）"Alt + 左键"单击：进入或退出蒙版视图。

2）"Shift + 左键"单击：关闭或打开蒙版作用。

3）"Shift + Alt + 左键"单击：进入或退出快速蒙版模式。

4）"Ctrl + 左键"单击：以蒙版内容创建选区。

5）"Ctrl + Alt + 左键"单击：减去蒙版内容的选区。

6）"Ctrl + Shift + 左键"单击：加上蒙版内容的选区。

将蒙版删除时，Photoshop 会提示是否应用，如果选择应用，就会使图层内容发生改变。

将最开始的图像蒙版应用后倒置，再为其添加一个蒙版，在蒙版中使用渐变工具（黑白渐变）绘制黑到白的渐变，得到效果图（图3-48）。

图 3-47　创建蒙版

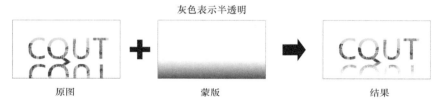

图 3-48　蒙版中黑白灰的意义

可以看到蒙版中黑色表示完全透明，白色表示完全不透明，而灰色介于透明和不透明之间。黑色到白色之间共256级的灰度，表示了256级的透明度变化，所以蒙版可以实现非常细腻的素材融合。

3.5.2　蒙版的作用

图层蒙版的用途主要有以下三点：

（1）显示控制　蒙版用一个独立的黑白图控制了图像的透明度，而原片不会受到任何损失，蒙版可以随时删除或关闭。在保存为 PSD 文件后，图片保留了很强的可编辑性，设计者可以随时对蒙版进行撤销、修正操作，甚至追加其他操作。

在蒙版中追加的特效也不会对原图产生影响，仅改变蒙版。如可以直接单击蒙版缩略图，然后选择"滤镜"—"风格化"—"拼贴"，可以得到有趣的显示效果（图3-49），但原图其实一直都未变。

图 3-49　显示控制

蒙版和图像之间也拥有独立性，通过单击图像和蒙版之间的链接符号，就可以解除图像和蒙版之间的链接关系，可进行单独移动或缩放。蒙版还可以应用于图层组，控制整个图层组的变化。

（2）素材融合　因为蒙版区域控制非常精确，并且透明度变化非常细腻，所以蒙版被广泛地应用于素材合成。

可以把找到的素材文件在 Photoshop 中放置到一个文件，在不同的图层添加蒙版，通过蒙版的黑白绘制控制图层的显示，使前后图层完美融合（图 3-50）。

图层1　　　　　　　图层2　　　　　　　结果

图 3-50　素材融合

（3）透明对象提取　蒙版也可以用于素材的提取，特别是半透明的物体。一些素材因为是半透明的，在提取时虽然能建立选区，但是很难实现半透明的效果，而蒙版可以解决这个问题。

利用半透明素材的明度变化，将素材本身作为自身的蒙版。具体做法是：如图 3-51 所示，将素材载入后复制，建立蒙版，然后在蒙版中将素材再粘贴进去，利用本身的明度变化实现透明度表现。

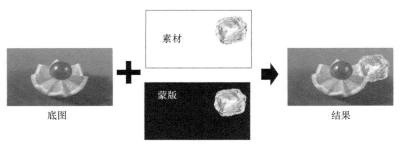

素材

底图　　　　　　　　蒙版　　　　　　　　结果

图 3-51　透明对象提取

3.5.3　蒙版的分类

蒙版是 Photoshop 早期就拥有的基础功能，已经融入现在 Photoshop 的各个模块，除了图层蒙版，还有快速蒙版、剪切蒙版以及矢量蒙版三种蒙版应用形式。

（1）图层蒙版 图层蒙版是前文重点介绍的内容，主要控制图层显示。

（2）快速蒙版 快速蒙版主要是用来作为选择的工具，在 Photoshop 工具栏下还保留了"以快速蒙版模式进行编辑（Q）"的功能。通过快速蒙版进行编辑时，可以使用画笔工具在前景色为黑色情况下涂抹，生成浅红色区域，结束编辑时，浅红色区域以外的区域就会变成选区。这个功能随着"选择与遮住"功能虽然逐渐完善，但是这种选择模式已经很少用到了。在文字工具中，还保留了"横排/直排文字蒙版工具"，也是快速蒙版的应用。

（3）剪切蒙版 剪切蒙版（图 3-52）是图层蒙版的另一种形式，是通过图层来建立蒙版，相当于利用下一图层的区域剪切上一图层。下一图层可以是任何颜色的，只要有像素就可以成为选区，剪切上一图层。建立剪切蒙版的方式是："菜单"—"图层"—"创建剪切蒙版"，或者两个图层之间按住"Alt"键后左键单击。由于通过普通的图层蒙版也能很方便达到这种效果，所以剪切蒙版使用频率也不高。

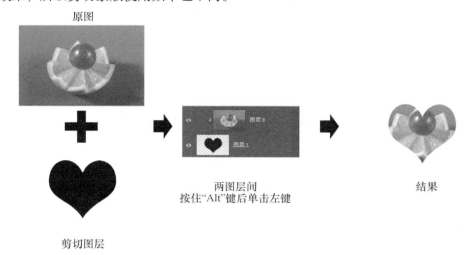

图 3-52　剪切蒙版

（4）矢量蒙版 矢量蒙版（图 3-53）主要通过路径建立，生成一个具备矢量特性的蒙版。虽然不能实现半透明的效果，但是矢量路径由贝塞尔曲线组成，上面的锚点具备极强的可编辑性，也使蒙版的形状变得更加灵活。建立矢量蒙版的方式有以下三种：

① "菜单"—"图层"—"矢量蒙版"—"当前路径"。

② 选择需要建立蒙版的图层，选择路径，然后用"Ctrl + 左键"单击"添加图层蒙版"。

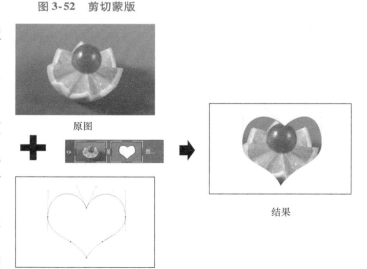

图 3-53　矢量蒙版

③ 选择路径，通过 F2 剪切路径，选中图层 "Ctrl + V" 粘贴路径。

本节学习了 Photoshop 的一个重要功能模块——蒙版，蒙版主要在不损失原片的情况下，通过黑白图实现图像透明度的精确控制，被广泛应用于素材的合成过渡、透明、半透明物体的提取等方面。

3.6　单元练习

3.6.1　选择训练——笑脸拼盘

本练习属于基础练习，主要通过套索工具组和魔棒工具组提取设计素材，练习说明见下表：

知识	建立 Photoshop 中素材拼贴的概念
技术	掌握 Photoshop 的 "套索工具" "魔棒工具" 和 "快速选择工具" 的使用，熟悉 "变形工具"
能力	具备在 Photoshop 提取图片中简单素材，并编辑素材的能力

笑脸拼盘如图 3-54 所示。

图 3-54　笑脸拼盘

3.6.2　选择训练——通道

本练习属于基础练习，主要通过通道实现素材的提取，练习说明见下表：

知识	进一步理解 Photoshop 通道的作用
技术	掌握 Photoshop 中通过通道建立选区的技术，初步涉及调整命令、图层混合模式的命令
能力	具备在 Photoshop 提取图片中复杂素材的能力

通道选择如图 3-55 所示。

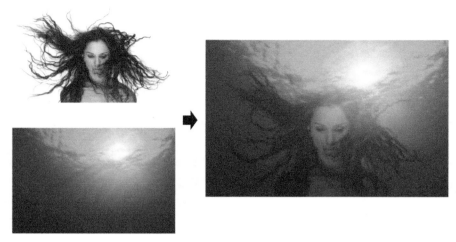

图 3-55　通道选择

3.6.3　选择训练——路径

本练习属于基础练习，主要通过钢笔工具组和路径工具组实现素材的提取，练习说明见下表：

知识	了解 Photoshop 矢量选区的建立
技术	初步使用"钢笔工具"建立选区，并通过"路径选择工具"进行调整，涉及蒙版对透明区域的处理
能力	具备在 Photoshop 精确提取图片中复杂素材的能力

路径选择如图 3-56 所示。

图 3-56　路径选择

3.6.4　换脸训练

本练习属于进阶练习，主要通过蒙版实现素材的融合，练习说明见下表：

知识	初步理解蒙版的作用
技术	掌握 Photoshop 中蒙版的使用方法，通过蒙版控制素材的显示与隐藏
能力	具备在 Photoshop 中合成素材的能力

换脸训练如图 3-57 所示。

图 3-57　换脸训练

3.6.5　二次曝光

本练习属于进阶练习，进一步通过蒙版实现素材的融合，练习说明见下表：

知识	进一步理解蒙版的作用
技术	在已有蒙版的基础上进行二次蒙版处理，形成合成效果
能力	具备在 Photoshop 中合成素材的能力

二次曝光如图 3-58 所示。

图 3-58　二次曝光

3.6.6　海报练习（一）

本练习属于综合练习，初步完成案例的制作，练习说明见下表：

知识	版式设计的基本规律
技术	在 Photoshop 中多次通过蒙版合成素材，涉及 Photoshop 中调整命令，初步学习 Photoshop 文字工具的使用
能力	具备通过 Photoshop 进行海报制作的实践能力

海报练习（一）如图 3-59 所示。

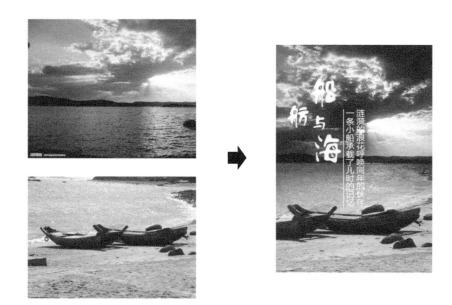

图 3-59　海报练习（一）

3.6.7　海报练习（二）

本练习属于综合练习，综合利用本单元学习的技巧进行案例制作，练习说明见下表：

知识	版式设计的基本规律
技术	在 Photoshop 中多次通过蒙版合成素材，涉及图层混合模式、滤镜、画笔工具的使用
能力	进一步加强通过 Photoshop 进行海报制作的实践能力

海报练习（二）如图 3-60 所示。

图 3-60　海报练习（二）

Photoshop 辅助版式设计（二）

4.1 Photoshop 的混合模式

　　混合模式（图 4-1）虽然不属于 Photoshop 基础核心功能，但它是 Photoshop 很多命令中不可或缺的部分，并且混合模式选项数量庞大，特别容易让人混淆。如果不理解混合模式，就不能彻底掌握 Photoshop 的很多工具和命令，因此本节主要讲解混合模式的算法和应用。

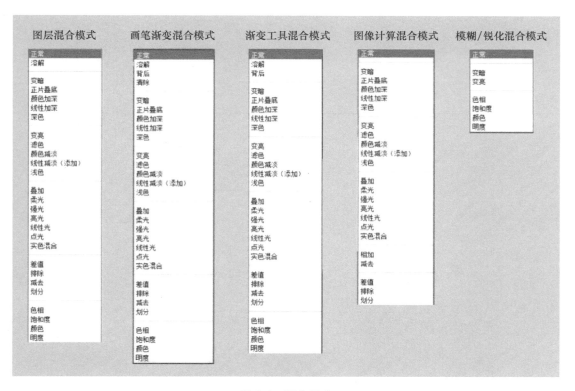

图 4-1　混合模式

4.1.1　混合模式的定义

混合模式是指当前图层颜色与已有颜色的混合计算方式，已有颜色有可能是下一个图层，也有可能是当前图层。混合模式的应用主要有以下三个方面：

（1）用于图层间的混合　在图层面板中，混合模式用于控制当前图层中的像素与它下面图层中的像素如何混合，除背景图层外，其他图层都支持混合模式的设置。

（2）用于同一图层像素的混合　在 Photoshop 的各种工具中，比如在"画笔""渐变""填充"以及"描边"命令和"图层样式"对话框中，混合模式只将添加的内容与当前操作的图层混合，而不会影响其他图层。

（3）用于混合通道　在"应用图像"和"计算"命令中，混合模式用来混合通道，可以创造特殊的图像合成效果，也可以用来制作选区。

Photoshop 看似比较感性，但实际上是算法驱动的，不同的混合模式意味着不同的算法，它们可以产生迥异的合成效果。虽然混合模式比较繁杂，但以图层混合模式为基础，其他混合模式都是基于图层混合模式的演化。

当前 Photoshop 版本图层混合模式有 27 项，可分为 6 个组（图 4-2）。为了方便理解，把这些组从上到下可以称为基础模式、变暗模式、变亮模式、对比度模式、差值模式和颜色模式。

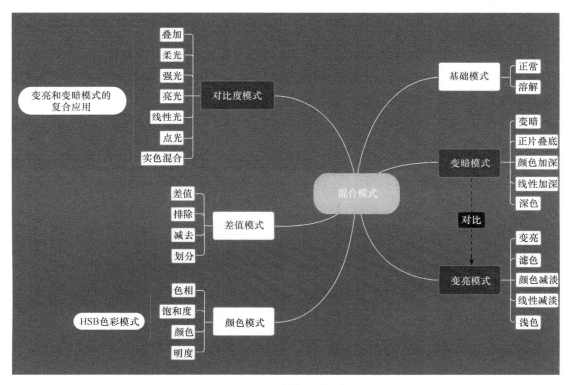

图 4-2　混合模式的种类

混合模式数量多，必须通过对比联系，才能将其各个击破。其中变暗模式、变亮模式是一一对应且相反的，对比度模式又是这两组模式的复合应用，因此深入理解变暗模式，就能快速掌握其他两组模式。颜色模式属于 HSB 色彩模式的应用，基于对色彩的认知，也较容易掌握。

掌握图层混合模式，首先要明确几个概念，设定已有颜色（当前图层以下呈现出来的颜色）为基础色 A，而当前图层的颜色为混合色 B，最后混合的结果色 C。结果色 C，是基础色 A 和混合色 B 通过不同的算法产生的。举个简单的例子，设定基础色 A（R = 200，G = 100，B = 50），混合色 B（R = 100，G = 200，B = 50），在"正常"模式下，混合色完全覆盖基础色，结果色 C 的 R = 100，G = 200，B = 50。为了观察黑色（R = 0，G = 0，B = 0）和白色（R = 255，G = 255，B = 255）这种极端情况的计算结果，在基础色和混合色上都各添加黑色和白色色块（图 4-3）。

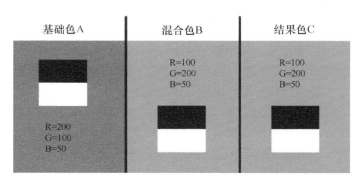

图 4-3　基础色、混合色和结果色

4.1.2　混合模式的算法——基础模式

基础模式包括"正常"和"溶解"两种模式。

1. 正常模式

如图 4-4 所示，"正常"模式下，混合色 B 完全覆盖基础色 A，但是没有计算透明度的影响。如果把透明度进行修改，就会发现事情并没有那么简单。透明度对混合效果影响显著，当混合色透明度为 50% 时，$d = 0.5$，我们可以看到，结果色 C1 的色值刚好在基础色 A 和混合色 B 数值的中点，黑白色也会有同样的计算方式。导致黑色和白色分别向结果色和混合色偏移。

如果修改图层的不透明度为 25%，$d = 0.25$，结果色 C2 的 $R = 200 \times (1 - 0.25) + 100 \times 0.75 = 175$，其他颜色的数值也都是用同样的公式计算的，效果如图 4-4 所示。

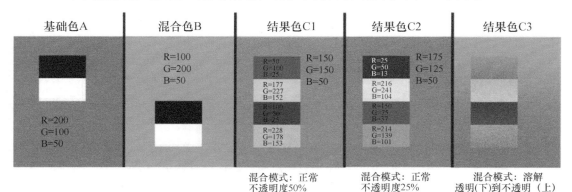

计算公式：

正常：$C = (1 - d) \times A + d \times B$，（$d$ 为不透明度）

溶解：根据不透明度，基础色随机出现。不透明度越高，基础色出现得越少

图 4-4　"正常"和"溶解"模式

2. 溶解模式

溶解混合模式在不透明度为 100% 时是没有作用的，但是如果把混合色图层不透明度降低，就会发现图 4-4 结果色 C3 区域中，基础色 A 和混合色 B 开始像砂纸一样交叉，随机出现。随机出现的频率和混合色的透明度有关，不透明度越低，基础色 A 越多，反之则混合色 B 越多。结果色 C3 中，如果给混合色 B 添加蒙版，并用黑白色做个渐变（上白，下黑），就可以看到在溶解模式下，由于透明度变化，C 随机表现为 A 或 B 的趋势。

可见基础模式，只有在透明度发生变化的时候才有作用效果，调整图层不透明度这样的简单操作，实际上有并不简单的算法进行支持。

4.1.3　混合模式的算法——变暗模式

变暗模式包括"变暗""正片叠底""颜色加深""线性加深"和"深色"五种，与变亮模式中的"变亮""滤色""颜色减淡""线性减淡"及"浅色"一一对应。变暗模式的五种模式算法各不相同。

1. "变暗"模式

"变暗"模式计算方法是把基础色 A 和混合色 B 的 RGB 通道逐个进行比较，每个通道取最小值。在图 4-5 中，结果色 C1 的 R 通道在 A 的 200 和 B 的 100 中，取 100，G 通道在 100 和 200 中取 100，B 通道数值均为 50 就取 50，结果色 C1 的 RGB 数值就为（100，100，50）。

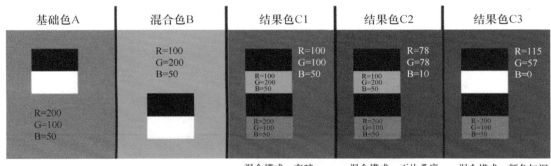

图 4-5　"变暗""正片叠底"和"颜色加深"模式

需要注意的是，如果 A、B 中有一个黑色，黑色的 RGB 数值均为 0，就会使结果色 C1 为黑色，如果 A、B 中有一个白色，白色的 RGB 数值均为 255，255 为最大值，白色会被屏蔽掉，保留另一个颜色。图例表明，无论是基础色 A，还是混合色 B，黑色都被保留下来，而白色被屏蔽掉。

2. "正片叠底"模式

"正片叠底"是最常用的加深模式，特别符合减色模式的运行规律。

结合图 4-5 中图例，结果色 C2 的 R 通道数值 = 200 × 100 ÷ 255 = 78.4，颜色只能取整

75

数，也就是 78，用同样的算法，G 通道数值也是 78，B 通道为 10。如果有一个颜色为黑色，0 乘任何数都得 0，再除以 255 还是 0，黑色保留。如果有一个颜色为白色，255 除以 255 得 1，另外一个颜色保留，所以结果还是黑色保留，白色被屏蔽。

3. "颜色加深"模式

所谓反相，就是用 255 减去这个颜色的数值。"颜色加深"模式计算结果和基础色 A 有很大关系，在图 4-5 中，结果色 C3 的 R 通道数值 = 200 - (255 - 200) × (255 - 100)/100 = 200 - 85 = 115，G 通道数值为 57，B 通道数值为 -804，小于或等于 0 的值一律归零。颜色加深运算中，基础色 A 会表现得更为重要，图例中，基础色 A 为橙色，结果色 C3 最终也呈现为加深的橙色。

无论 A 还是 B，如果其中有一个颜色为黑色，套入公式中，答案基本均为负数，最后全部归零，黑色保留。但是如果 A 为白色，数值 = 255 - (255 - 255) × (255 - B)/B = 255，白色能够保留，如果 B 为白色，数值 = A - (255 - A) × (255 - 255)/255 = A，白色被屏蔽，这与其他变暗模式不同。

4. "线性加深"模式

"线性加深"的计算方式很简单，结果色 C 各通道的数值之和减去 255。如图 4-6 所示，结果色 C4 的 R 数值为 200 + 100 - 255 = 45，同理，G 的数值也为 45，B 的数值为负数，归零。如果 A、B 中有一个为黑色，混合数值为 0 或负数，黑色保留。如果 AB 中有一个为白色，255 - 255 为 0，这样白色就被屏蔽了。

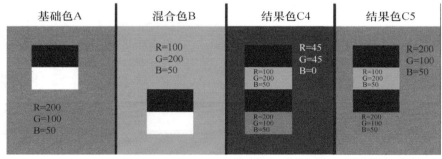

图 4-6 "线性加深"和"深色"模式

5. "深色"模式

"深色"模式也是基础色 A 和混合色 B 之间进行比较后取一个值，但是和"变暗"不同。"变暗"是每个通道进行比较，取各自通道的最小值，而"深色"模式下是两个颜色比较，取较深的颜色。黑色明度最低，白色最高，所以还是黑色被保留，白色被屏蔽，如图 4-6 所示结果色 C5。

最后可总结出变暗模式组的特点，变暗模式组都会使颜色变得更暗，基本都会保留黑色，屏蔽白色（颜色加深例外）。如果将一张纯白底手绘草图作为混合色，在同一基础色下对比不同混合模式的效果。"变暗"和"深色"类似，区别在于"变暗"是逐个通道进行比较，"深色"是颜色进行比较。"正片叠底""颜色加深""线性加深"三种方式比较而言，"正片叠底"最符合变暗的色彩叠加方式，"颜色加深"比较偏向于保留基础色的色调，而"线性加深"属于加深程度最为剧烈的模式（图 4-7）。

由图例 4-6 可知"线性加深"混合后效果最深，"变暗"和"深色"都有一些信息的丢失，"颜色加深"会有

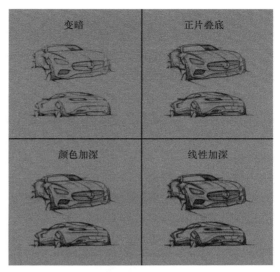

图 4-7　变暗模式效果图对比

底色色相体现出来，"正片叠底"混合效果比较合适，它是变暗模式中使用频率最高的。

4.1.4　混合模式的算法——变亮模式

变亮混合和变暗混合一一对应且相反。下面仅列出计算方法和效果，不再推演计算方法。

1. "变亮"模式

"变亮"模式计算方法是把基础色 A 和混合色 B 的 RGB 通道逐个进行比较，每个通道取最大值。如图 4-8 所示结果色 C1 表明，无论是基础色 A，还是混合色 B，白色都被保留下来，而黑色都被屏蔽掉。

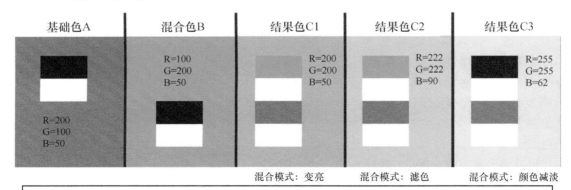

图 4-8　"变亮"、"滤色"和"颜色减淡"模式

2. "滤色"模式

"滤色"是最常用的加色模式，最符合色彩叠加的运行规律。其结果是白色保留，黑色被屏蔽，如图 4-8 所示结果色 C2。

3. "颜色减淡"模式

"颜色减淡"的计算方式会使颜色变得更亮，但是和"颜色加深"一样，最终结果和基础色有很大关系。当基础色为黑色或者白色时，黑色和白色都会保留下来，而不会受到混合色影响。当基础色不为黑、白色时，混合色的黑色被屏蔽掉，而白色被保留下来，如图 4-8 所示结果色 C3。

4. "线性减淡"模式

"线性减淡"的变亮增幅会更大，线性减淡会使所有的黑色被屏蔽掉，而白色被保留，如图 4-9 所示结果色 C4。

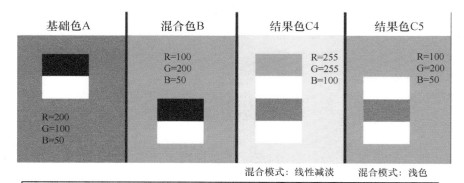

图 4-9　"线性减淡"和"浅色"模式

5. "浅色"模式

"浅色"模式也是基础色 A 和混合色 B 之间进行比较取较亮的颜色，黑色明度最低，白色明度最高，所有的都是白色保留黑色屏蔽，如图 4-9 所示结果色 C5。

可总结出变亮模式下，"线性减淡"混合后效果最亮（图 4-10），"变亮"和"浅色"模式都有一些信息丢失，"颜色减淡"模式会有底色色相体现出来，"滤色"混合效果比较合适，因此它是变亮模式中使用频率最高

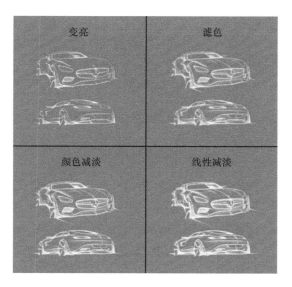

图 4-10　变亮模式效果对比

的模式。

4.1.5　混合模式的算法——对比度模式

对比度模式可以理解为变暗模式和变亮模式的混合应用，在对比度模式系列中，会根据基础色 A 或者混合色 B 不同的色值进行不同方式的计算。对比度模式共包含"叠加""柔光""强光""亮光""线性光""点光"和"实色混合"七种模式，每一种都有自己的计算方法。

1. "叠加"模式

"叠加"的计算方式和基础色 A 有很大关系，当 A≤128 时，C=A×B/128，这种计算方式类似于"正片叠底"，基础色 A 的 G 通道是 100，所以，图 4-11 中结果色 C1 的 G 通道 =100×200/128≈157，B 通道≈20。当 A>128 时，C=255−A 反相×B 反相/128，这种方式类似于滤色，也就是基础色 A 的 R 通道是 200，结果色 C1 的 R 通道 =255−（255−100）×（255−200）/128≈188。

也就是说，基础色的数值控制着计算方式，但这种方式是逐个通道进行计算的，所以很难估计结果是变亮了或者是没变亮。值得注意的是，基础色 A 中黑色或白色，在结果中都保留，而混合色 B 中的黑色和白色会偏向基础色 A。因此，整个画面的色彩氛围偏向基础色。

2. "强光"模式

通过公式可以发现"强光"和"叠加"的计算方式一样，区别在于"强光"是根据混合 B 的值来控制不同的计算方式。在混合结果上，混合色 B 中黑色或白色，在结果中都保留，而基础色 A 中的黑色和白色会偏向混合色 B，因此整个画面的色彩氛围偏向混合色，如图 4-11 所示结果色 C2。

3. "柔光"模式

"柔光"的计算方式非常复杂，但是效果和"叠加"比较类似，主要是色彩对比要柔和一些，如图 4-11 所示结果色 C3。

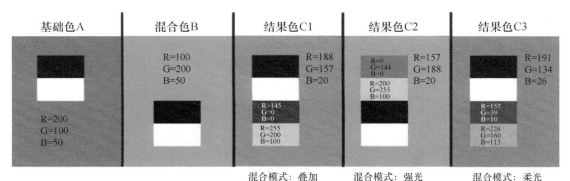

计算公式：
叠加：A≤128，　则C=(A×B)/128; A>128，　则C=255−(A反相×B反相)/128
强光：B≤128，　则C=(A×B)/128; B>128，　则C=255−(A反相×B反相)/128
柔光：B≤128，　则C=(A×B)/128+(A/255)^2×(255−2B); B>128，　则C=(A×B反相)/128+sqrt (A/255)×(2B−255)

图 4-11　"叠加"、"强光"和"柔光"模式

4. "亮光"模式

"亮光"模式比较偏向于混合色，但非常强烈地增加了对比度，黑色和白色都会被完整地保留下来，如图 4-12 所示结果色 C4。

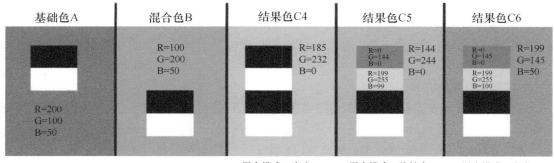

计算公式：
亮光：A≤128时，则C=A−A反相×（255−2B）/（2B）；A>128时，C=A+A×（2B−255）/（2×B反相）
线性光：C=A+2×B−255
点光：B≤128时，则C=Min（A，2B）；B>128时，则C=Min（A，2B−255）

图 4-12　"亮光""线性光"和"点光"模式

5. "线性光"模式

"线性光"模式与"线性减淡"类似，也是得到更加偏向于混合色的结果，如图 4-12 所示结果色 C5。

6. "点光"模式

"点光"模式采用"深色"和"浅色"的组合，中间调几乎是不变的，如图 4-12 所示结果色 C6。

7. "实色混合"模式

最后一个实色混合比较极端，它把 A + B 的结果与 255 进行比较，如果 A + B≥255，结果就是 255，否则就是 0，所以结果色要么就是最高值 255，要么就是 0，如图 4-13 所示结果色 C7。

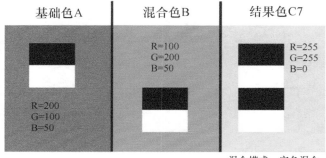

计算公式：
实色混合：如果A+B > 255，C=255
　　　　　　如果A+B < 255，C=0

图 4-13　"实色混合"模式

混合模式在叠加部分比较难理解，但是在 Photoshop 中可以通过移动选项快速预览结果，然后选择合适的模式使用。

4.1.6　混合模式的算法——差值模式组

"差值"模式组包括"差值""排除""减去"和"划分"四种模式。

1. "差值"混合模式

"差值"模式是较常用的混合模式，计算方式是 A、B 差值的绝对值，如图 4-14 所示，红色通道的值 R = |200 − 100| = 100，绿色通道的值 G = |100 − 200|，还是 100，蓝色通道的值 B = 50 − 50 = 0。在这种情况下，如果 A、B 中有一个颜色为黑色，那么黑色被屏蔽掉，如果 A、B 中有一个颜色为白色，基本会得到补色，如图 4-14 所示结果色 C1。

2. "排除"混合模式

"排除"模式虽然计算方式与"差值"的差异较大，但效果与"差值"模式相似，具有高对比度和低饱和度的特点，比用"差值"模式获得的颜色要更柔和、更明亮一些，如图 4-14 所示结果色 C2。

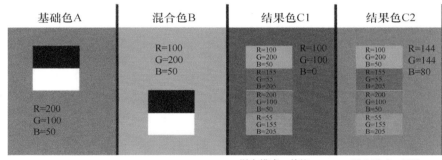

图 4-14　"差值"和"排除"模式

3. "减去"模式

"减去"混合模式的计算方式是基础色 A 通道的数值直接减混合色 B。也就意味着比混合色数值低的全部归零，最终只保留基础色的色彩倾向，基础色为白色时，得到混合色的补色；混合色为黑色时，结果色和基础色一致；混合色为白色时，结果色为黑色如图 4-15 所示。

4. "划分"模式

"划分"模式使用基础色与混合色的比值乘 255，如果基础色 A 比混合色 B 大就意味着结果色数值一定是 255，黑白色混合结果如图 4-15 所示。

差值模式组中，"差值"使用得最为频繁，其他的命令可以作为差值的补充。

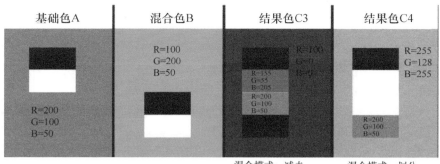

图 4-15 "减去"和"划分"模式

4.1.7 混合模式的算法——颜色模式组

颜色模式包括"色相""饱和度""颜色"和"明度"。在色彩的三要素中，可以找到色相、饱和度和明度的对应关系，"颜色"是一个比较特殊的选项。如果选择了颜色模式组的"色相""饱和度"或"明度"，就会用混合色的色相/饱和度/明度替换基础色的相应色彩属性，但是"颜色"选项是同时替换色相和饱和度（图 4-16）。

图 4-16 "色相""饱和度""颜色"和"明度"模式

混合模式是一个难点，但是它的应用非常广泛，可应用于图层混合、图层样式、绘图与修饰工具等，其中"正片叠底""滤色""线性加深减淡""颜色加深减淡""叠加""柔光"以及"颜色"等属于高频使用的混合模式，需要重点学习和理解。

4.2　Photoshop 的调整命令

　　调整命令主要是用来调色的——基于一张已有的图片，通过调整命令调整画面色调和质感，是摄影从业者和爱好者的必备技能。在平面设计中，调整命令也是素材处理和色调统一的重要工具。

　　调整命令位于 Photoshop 菜单栏—图像—调整选项中，主要包括五个部分，其中使用频率比较高的命令带有快捷键设置，高频使用的命令主要包括"色阶"（快捷键"Ctrl + L"）、"曲线"（快捷键"Ctrl + M"）、"色相饱和度"（快捷键"Ctrl + U"）、"色彩平衡"（快捷键"Ctrl + B"）和"色相"（快捷键"Ctrl + I"）等。

　　以调整命令为基础，调整图层具备更加灵活的应用方式。调整图层的调用方式有以下三种（图 4-17）：

　　1）菜单栏—图层—"新建调整图层"。

　　2）"图层窗口"面板右下角—"新建调整图层"。

　　3）菜单栏—"窗口"—"调整面板"。

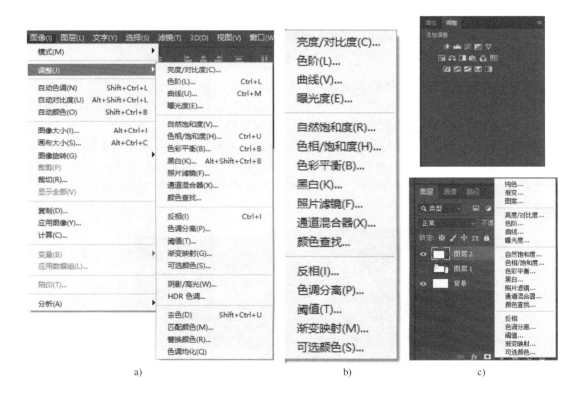

图 4-17　调整图层的调用方式

a）通过菜单栏调用　b）通过图层窗口调用　c）通过菜单栏中窗口调用

　　菜单中的调整命令是了解调整图层使用的基础，因此先从几个最常用的调整命令开始入手。

4.2.1 调整命令——色阶

基于任何一张图片，通过"色阶"（快捷键"Ctrl + L"）命令，就可以打开色阶窗口。在色阶窗口中，最主要的就是左边"输入色阶"的直方图。这个直方图看起来有点像是股票的 K 线，但实际上体现的是这张图的明暗及颜色分布，对比两张不同图片的直方图，如图 4-18 所示。

图 4-18　色阶数值

图 4-18 中上图靠近 0 左侧的值比较高，而靠近 255 的右侧值比较低，甚至有些地方没有，因此整个画面显得比较暗。图 4-18 中下图的直方图与上图恰好相反，靠近 0 左侧的值比较少，而靠近 255 的右侧值比较高，因此整个画面显得过亮。

基于直方图表达出来的明暗信息，就可以对其进行调整了。调整方式主要有以下三种：

（1）**直接拖动输入直方图的滑块**　将输入的范围缩小，去除无效的明度范围，可以使输出变得更加均匀。如在图 4-19 中，可以直接把直方图右侧的滑块向左侧拖动，左侧的画面就变亮了。

图 4-19　通过拖动调整色阶

（2）通过吸管定场　在色阶窗口右边可以看到三个吸管，分别表示黑场、灰场和白场，可以通过这三个场来确定整个画面的明暗关系。可以将图 4-20 中人的眼睛定为黑场，将人物帽子定为白场，但这张图中灰场无法确定。需要注意的是，定场的方式比较容易产生色彩偏移。

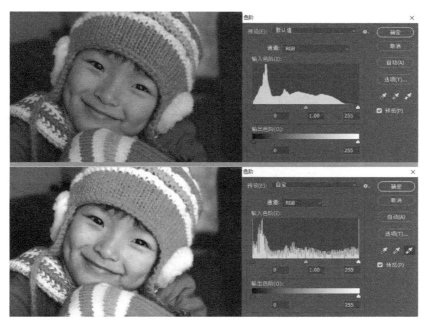

图 4-20　通过定场调整色阶

（3）直接单击"自动"　通过选项，选择算法，PS 目前提供了四种算法可供选择（图 4-21）。

图 4-21　通过自动选项调整色阶

如果想取消算法操作，可以按住"Alt"键，窗口的"取消"就会变成"复位"，单击"复位"可以恢复默认值。

色阶主要控制画面的明暗，在整体画面偏暗或者偏亮时，可以拉成比较均匀的明暗分布，也可以分别控制红、绿、蓝三个通道使其均匀分布。

4.2.2　调整命令——曲线

"曲线"（快捷键"Ctrl + M"）命令是"色阶"的升级，比色阶控制得更加精确。

打开色阶案例中图 4-22 所示的曲线，在曲面面板中，仍然能看到色阶中的直方图，除此之外，还有纵横两个坐标轴，水平坐标表示输入，垂直坐标表示输出。图中有一条线，默认的情况下输入和输出是相等的，所以线条是一条 45°的直线。

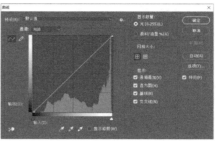

图 4-22　曲线面板

"曲线"基本的调节方式，也就是对图中这条线进行调节，如果把曲线的中点拉低，就意味着除了两头的端点以外，所有的输出都降低。降低幅度从中点以外向两端递减，整个画面的明度都会降低。反之，如果把中点拉高，就会导致整个画面的亮度提升（图 4-23）。对于一张已经曝光过度的照片，降低是比较合适的调节方式。

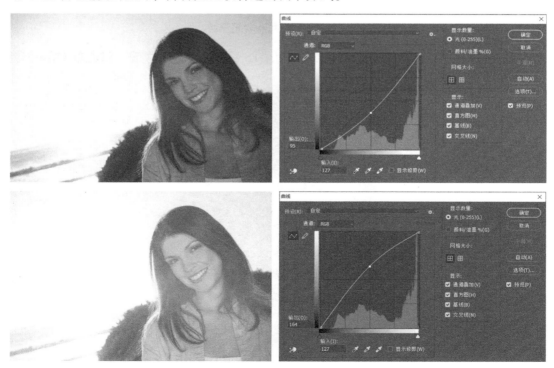

图 4-23　曲线调节（一）

当鼠标在曲线上单击一次时，就会新增加一个控制点，所以"曲线"比"色阶"更加精确的地方就在于可以分别控制不同区域的颜色提亮或者降低。

在上文图 4-22 中，可以将中线靠右的部分提升，由于中线代表的是 128，中线靠右就是比 128 还要亮的部分，这时候高光就更亮了，而将中线靠左的部分降低，没有直方图的部分直接拉平，这时候暗部会更暗（图 4-24），因此可以显示更多细节。这样的 s 形曲线，就起到了拉大对比的效果，可以使画面显得更有层次。

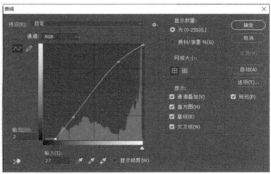

图 4-24　曲线调节（二）

而反向的 s 形曲线，则使画面对比度减小，更加偏向于中灰色（图 4-25）。

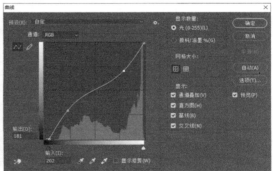

图 4-25　曲线调节（三）

曲线面板的下面也有三个吸管，表示曲线也可以通过定场的方式调色，选项设置和色阶算法一样，这里就不再赘述了。

"曲线"也可以单独调节通道，还可以通过铅笔的方式来绘制，这种方式更加自由，不过也更加难以控制。窗口右边的栏目主要是控制显示的方式和显示要素的，一般情况下并不做设置。

4.2.3　调整命令——色相饱和度

"色相/饱和度"（快捷键"Ctrl + U"）命令是基于色彩三要素的调节方式调节的，打开"色相/饱和度"控制面板就可以看到，中间有三个滑块，分别调节色相、饱和度和明度（图 4-26）。饱和度和明度的调节效果很明显，滑块向右滑动就是提升数值（图 4-27），向左滑动就是降低数值（图 4-28）。但是当拖动色相滑块时，发现颜色的变化是比较直观的，但是不太好理解。

图 4-26 "色相/饱和度"面板

图 4-27 提升明度

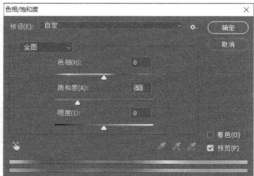

图 4-28 降低饱和度

对于色相的变化，需要注意面板下面的两个色相环条，上面的环是静止的，表示的是输入，下面的环会随着色相数值变化进行移动，表示的是输出（图 4-29）。从图中可以看到原来黄色的花瓣现在对应的是红色，原来蓝色的天空，现在对应的是青色。

图 4-29　改变色相

　　调节色相除了可以改变整个图片的颜色，也可以只调节固定色域的颜色。在窗口左下角有个手指图标，单击之后，就可以用吸管选取图中的颜色，此时在上面的色相环条上就会出现了一个色彩范围，表示可修改的色彩范围，这个色彩范围可以用鼠标进行拖动（图 4-30）。

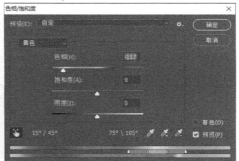

图 4-30　分色域调整色相

　　需要注意的是，只有具备色相的颜色才能进行色相调整，像黑、白、灰这些没有色相的颜色，色相是无法调整的。在"色相饱和度"面板中的"着色"选项能够对所有的颜色重新统一着色，虽然不能改变黑白色，但是能够使灰色具备色相（图 4-31）。

黑	黑	黑
白	白	白
灰	灰	灰
红	红	红
原色	改变色相	着色模式

图 4-31　可调整色彩的颜色

4.2.4　调整命令——色彩平衡

　　"色彩平衡"（快捷键"Ctrl + B"）命令是通过色彩模式调整颜色的，在色彩平衡面板中间的三个滑条中，可以看到滑条两侧分别为红、绿、蓝（RGB）和青、红、黄（CMY），与第 1 单元中学习过的色彩模式刚好是匹配的（图 4-32）。

图 4-32　"色彩平衡"面板

　　在色彩模式窗口中，可以拖动滑条修改颜色，或者在上面的色阶中输入数值修改颜色。但是需要注意的是，如果拖动的方向是朝着 RGB 或 CMY 同一侧的，产生的结果就是没有效果。

　　通过仔细观察可以看到，红、洋红、黄都是暖色，当把滑条朝着这三个方向拉动时，得到的就是暖色调结果，如果向相反的青、绿、蓝方向，得到就是冷色调的结果（图 4-33），具体数值可以根据需求设置。

图 4-33　暖色调与冷色调调节

　　在"色调平衡"中还有"阴影""中间调"和"高光"三个选项（图 4-34）。这就意味可以分别调整不同亮度颜色的色彩倾向。如使其阴影偏为冷色调，而高光偏为暖色调，就可以看到整个画面主体和背景由于色调的偏差显得对比更强烈，画面也更有层次了。

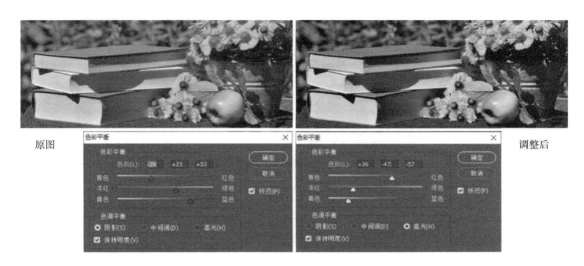

原图　　　　　　　　　　　　　　　　　　　　　　　　　调整后

图 4-34　分层次调节色调

4.2.5　其他命令简述

除了上文所述的常用命令，调整中其他命令有时候也能起到事半功倍的效果，由于篇幅关系，此处仅做简单说明。

1）亮度/对比度。使用"亮度/对比度"命令可以直观地调整图像的明暗程度，还可以通过调整图像亮部区域与暗部区域之间的比例来调节图像的层次感，如图 4-35 所示。

图 4-35　亮度/对比度调节

2）曝光度。基于相机成像的概念，重新设置图片的曝光度，主要用于照片的处理。该命令还可以调整照片的高光区域，使照片的高光区域增强或减弱，如图 4-36 所示。

图 4-36　曝光度调节

3）自然饱和度。智能设置图片的饱和度，使其看起来色彩更加艳丽，主要用于照片处理，如图 4-37 所示。

图 4-37　自然饱和度调节

4）黑白。精确地将彩色图片转化为黑白图片，在转化中可以设置各种色彩转化为黑白时的强弱，也可将图片转化为单色，如图 4-38 所示。

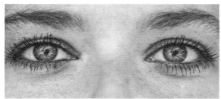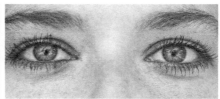

图 4-38　黑白调节

5）照片滤镜。模拟相机镜头前滤镜的效果，该命令还允许选择预设的颜色，可以对图像应用色相调整，如图 4-39 所示。

图 4-39　照片滤镜调节

6）通道混合器。利用图像内现有颜色通道的混合来修改目标颜色通道，从而实现调整图像颜色的目的，如图 4-40 所示。

图 4-40　通道混合器调节

7）颜色查找。主要用于快速的颜色设置，通过预设的色调搭配，在几秒钟内就可以创建多个颜色版本，并且可以结合蒙版来精细地影响局部或整体，如图 4-41 所示。

图 4-41　颜色查找调节

8）反相。主要用来反转图像中的颜色。在对图像进行反相时，通道中每个像素的亮度值都会转换为 256 级颜色值刻度上相反的值，比如白色转为黑色，红色转为青色，蓝色转为黄色等。效果类似于普通彩色胶卷冲印后的底片效果，如图 4-42 所示。

图 4-42　反相调节

9）阈值。将灰度或者彩色图像转换为高对比度的黑白图像，其效果可用来制作漫画或版刻画，如图 4-43 所示。

图 4-43　阈值调节

10）渐变映射。基于图片的灰度分布，将设置好的渐变模式映射到图像中，从而改变图像的整体色调，如图 4-44 所示。

图 4-44　渐变映射调节

11）可选颜色。可以校正偏色图像，也可以改变图像颜色。一般情况下，该命令用于调整单个颜色的色彩比重，如图 4-45 所示。

图 4-45　可选颜色调节

12）阴影/高光。能够使照片内的阴影区域变亮或变暗，常用于校正照片内因光线过暗而形成的暗部区域，也可校正因过于接近光源而产生的发白焦点，如图 4-46 所示。

图 4-46　阴影/高光调节

13）HDR 色调。HDR 的全称是 High Dynamic Range，即高动态范围，如高动态范围图像（HDRI）或者高动态范围渲染（HDRR）。使用此命令时，基于 Photoshop 的预设可用来修补太亮或太暗的图像，制作出高动态范围的图像效果，如图 4-47 所示。

图 4-47　HDR 色调调节

14）去色。将使图像中的色饱和度为零，图像变成灰度。此命令可在不改变图色彩模式的情况下使图像变成单色图像，如图 4-48 所示。

图 4-48　去色调节

15）匹配颜色。可以将一个图像的颜色与另一个图像中的色调相匹配，也可以使同一文档中不同图层之间的色调保持一致，如图 4-49 所示。

图 4-49　匹配颜色调节

16）替换颜色。与"色相/饱和度"命令中的某些功能相似，它可以先选定颜色，然后改变选定区域的色相、饱和度和亮度值，如图 4-50 所示。

图 4-50　替换颜色调节

17）色调均化。按照灰度重新分布亮度，将图像中最亮的部分提升为白色，最暗部分降低为黑色，如图 4-51 所示。

图 4-51　色调均匀调节

4.2.6　调整图层

"调整图层"和"调整"命令最大的区别在于：调整图层是以图层的形式独立存在的，并且自带蒙版。这就意味着"调整图层"像其他图层一样，可以显示或隐藏，也可以多个调整图层叠加，并且即时修改，还可以设置图层的混合模式，调整的用法被最大化了（图 4-52）。

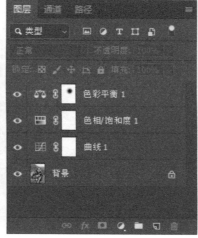

图 4-52　调整图层叠加

如针对人像照片，可以首先做个"曲线"的调整图层拉大对比，再做个"色相饱和度"调整图层略微添加饱和度，最后在使用"色彩平衡"使其暗部偏冷，高光偏暖。每一个调整都是以图层的形式独立存在的，再次单击图层时，可以重新调节参数而不影响其他图层。因为每一个图层都有蒙版，可以控制调整命令的作用区域，在"色彩平衡"调整图层蒙版中，可以在人的脸部用黑色画笔涂抹，使人的脸部不受色彩平衡的影响。

4.3　Photoshop 的滤镜

滤镜功能是 Photoshop 非常强大的武器库，随着 Photoshop 的升级，滤镜功能也一直在发展变化，第三方提供的众多外挂滤镜也能产生很神奇的效果。本节只介绍滤镜的使用方法，了解几个常用滤镜模块，而不详细介绍每个滤镜的功能。

Photoshop 的滤镜主要用来实现图像的各种特殊效果，所有的滤镜都按分类放置在菜单中，使用时只需要从该菜单中执行该命令即可。滤镜的调用非常直接，但是种类繁多，熟练掌握需要长时间的积累。

通过菜单打开"滤镜"，在下拉列表中可以看到："滤镜库""自适应广角""camera raw""镜头矫正""液化""消失点"和一些非滤镜库的成组滤镜。

4.3.1　滤镜库的调用方法

单击"滤镜"—"滤镜库"就进入了滤镜库管理窗口，在这个窗口左下角可以控制滤镜显示的百分比，数值越高，放大比例越大。面板右边则是 6 个滤镜组——"风格化""画笔描边""扭曲""素描""纹理"和"艺术效果"，每一组下面都有若干滤镜（图 4-53）。

图 4-53　滤镜库调用

　　滤镜库的好处是它可以方便使用者快速地预览滤镜的作用效果，并且可以叠加滤镜效果。在滤镜库中滤镜参数是可调节的，当选择"扭曲"的"海洋波纹"时，可以在右边看到"波纹大小"和"波纹幅度"的调节参数，当调节参数时，可以在左边预览中看到设置效果（图 4-54）。

图 4-54　滤镜库参数调节

　　在执行了"海洋波纹"后，可以在右下方单击"新建效果图层"追加一个滤镜，可以继续选择"素描"的"水彩画纸"，此时看到的就是两个滤镜叠加的效果，叠加可以是多重的，这样就可以在不退出滤镜库的情况下，多重叠加直到得到满意的效果（图 4-55）。

图 4-55　滤镜库滤镜叠加

在滤镜库中，可以像管理图层一样管理滤镜，可以显示、隐藏或删除滤镜，也可以调整滤镜顺序，当单击进入滤镜图层时，可以重新对参数进行设置。但是当单击面板右上角的"确定"按钮后，就不能对滤镜库再次进行编辑了。

滤镜库和成组滤镜中有些命令类似，如滤镜库中"纹理"—"拼缀图"，可以把图片转化为马赛克效果，或者类似于染色玻璃效果。也可以通过滤镜—"像素化"—"马赛克"设置（图 4-56），通过设置单元格大小，也可以实现马赛克效果，二者在方式、幅度和效果上有一些区别。

图 4-56　纹理与马赛克效果对比

4.3.2　适用于数码相机的滤镜

"自适应广角""camera raw"和"镜头矫正"都是针对数码摄影提供的功能，很多摄影设备（包括手机）的光学成像会产生变形，可以通过滤镜的前述几个功能校正照片畸变。

图 4-57 是通过"自适应广角"对畸变的图像进行了调整，"自适应广角"有"鱼眼""透视""自动"和"完整球面"四种矫正模式，而且还可以增加约束条件。

图 4-57 "自适应广角"矫正

"镜头矫正"也有类似的功能，图 4-58 中为一张手机照的图片，因为手机镜头小，在边缘的人会因为光学畸变而变得很胖。打开图片后，选择滤镜"镜头矫正"，单击"自定"，移去扭曲，就可以将边缘的扭曲调回来。

图 4-58 "镜头矫正"矫正

"camera raw"可以通过模拟数码相机拍照时的设置，重新对场景中的色温、曝光、高光和阴影进行调节（图 4-59），相当于再次回到拍摄场景重新设置。

图 4-59 "camera raw"面板

4.3.3 液化

"液化"命令在 Photoshop 2019 版之后功能变得非常强大，如图 4-60 所示，打开液化窗口，在面板左边可以看到一系列的工具，中间主要是预览窗口，右边是参数设置。工具栏最下面是"视窗缩放"和"平移"这样的视窗调整工具，工具栏从上到下依次是"向前变形""重建""旋转""褶皱"和"膨胀"等工具，这些工具是液化编辑工具。

图 4-60 "液化"面板

"液化"工具可以将画面分成若干的网格，这些网格是彼此连续不断的，使用命令时，就是将网格进行变形，周边的网格同时受到拉伸，如同液体表面一样，如图 4-61 所示的涂抹效果。右上角的画笔选项可以调节画笔的大小和强弱。

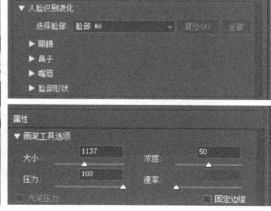

图 4-61 涂抹效果

因为"液化"功能比较容易产生"现实扭曲立场",所以经常用于人像照片修图。现在的液化还增加了"人脸识别液化"的智能优化工具,可以自动识别图片中的人物面部,并且修改"眼睛""鼻子""嘴唇"和"脸部形状"等面部特征(图4-62)。

图 4-62　人脸识别

4.3.4　消失点工具

"消失点"工具主要用于处理强烈透视的场景和图片,用于"内容识别填充"无法解决的问题,"消失点"工具相当于带透视关系的"仿制图章工具"(图4-63)。

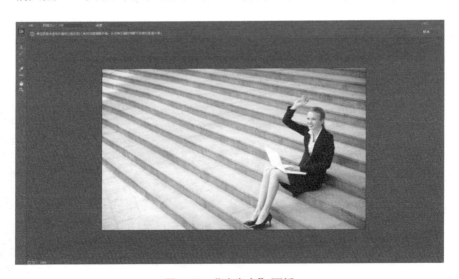

图 4-63　"消失点"面板

在"消失点"工具使用时,首先需要利用"矩形框"确定场景中的透视关系,然后用"图章"工具,先用"Alt + 左键"确定图中的一个点,然后就可以用鼠标左键涂抹取代人的区域(图4-64)。

图 4-64　"消失点"工具使用

"消失点"工具也经常用于建筑图像的快速复制，可以通过"选框工具"实现素材按透视关系的快速复制（图 4-65）。

图 4-65　利用"消失点"工具复制

4.3.5　成组滤镜

"成组滤镜"就是 Photoshop 滤镜菜单中，最下面若干栏的滤镜组，它不像"滤镜库"管理那么方便，主要包括"3D""风格化""模糊""模糊画廊""扭曲"以及"锐化"等 11 组滤镜。其中"3D"和"模糊画廊"都属于新的模块，主要用于 3D 模块和数码摄像的模糊特效。

新增加的火焰和树必须基于已有路径来生成。使用时可以先通过"形状工具"绘制一个路径，选中路径，然后选择"滤镜"—"渲染"—"火焰"，就可以基于路径直接生成火焰（图 4-66）。

也可以通过路径制作一棵树，

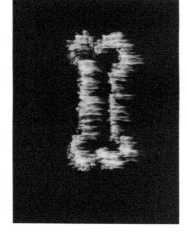

图 4-66　"火焰"与"树"滤镜

103

同样选择路径，然后选择"滤镜"—"渲染"—"树"，就可以通过使用滤镜长出一棵树，还可以选择树枝的高度、树叶的大小，甚至是树的种类。

我们没有篇幅讲解每一个滤镜，请各位同学通过课后辅助学习资料和网上的教学资源进行更深入的学习，把一个案例做一遍实际对提升水平作用不是很明显，需要反复揣摩一个案例，只有熟练这个工具，在有需要的时候才能想到它，才能够应用它。

4.4　单元练习

4.4.1　滤镜练习

本练习属于滤镜基础练习，通过五个滤镜案例熟悉滤镜的使用方式，掌握常用的滤镜命令，练习说明见下表：

知识	了解滤镜应用的基础知识
技术	掌握 Photoshop 的"镜头光晕""扭曲""风""动感模糊"和"彩色半调"等命令的使用，掌握几种滤镜组合的特效制作方法
能力	具备滤镜命令选择和应用能力

滤镜练习如图 4-67 所示。

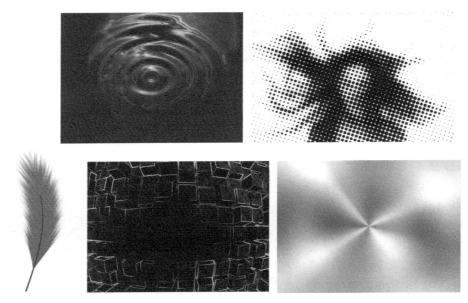

图 4-67　滤镜练习

4.4.2　广告练习（一）

本练习属于版式设计综合练习，着重练习素材的处理，熟悉图层混合模式、画笔工具等命令，练习说明见下表：

知识	复习版式设计的基础知识
技术	掌握 Photoshop 中图层混合模式的设置，涉及"钢笔工具""画笔工具"的使用
能力	培养较复杂的版式设计能力

广告练习（一）如图 4-68 所示。

图 4-68　广告练习（一）

4.4.3　广告练习（二）

本练习属于版式设计综合练习，着重练习素材的处理，熟悉调整命令，练习说明见下表：

知识	复习版式设计的基础知识
技术	在蒙版运用的基础上，掌握 Photoshop 中调整命令
能力	培养较复杂的版式设计能力

广告练习（二）如图 4-69 所示。

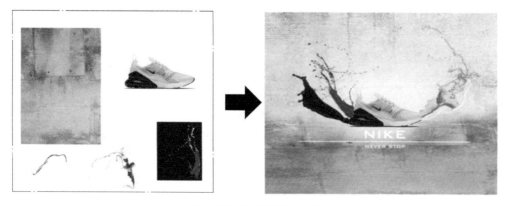

图 4-69　广告练习（二）

Photoshop 辅助交互设计

Photoshop 也属于交互设计领域中的基础工具，通过前面几单元内容的学习，读者可以知道，Photoshop 中有一些命令和模块能够提高界面设计的效率，也有专门针对界面前端设计，面向网络 Web 环境输出。本单元将在前面所学知识的基础上着重介绍"图层样式""动画"和"切片"三个模块的工具，并会结合实例进行应用演示。

5.1 图层样式

"图层样式"在 1998 年被加入了 Photoshop 的功能体系中，通过"图层样式"能够快速实现一些已经预设好的图层效果，极大地提高了设计者的工作效率。"图层样式"具有速度快、效果精确、可编辑性强等无法比拟的优势。通过"图层样式"，设计者可以简单、快捷地制作出各种立体投影、制作出质感和各种光影效果。

调用"图层样式"有很多种方法：

1）选择指定图层，菜单—图层—图层样式。

2）右键指定图层，从右键菜单中选择"混合选项"。

3）选择指定图层，图层窗口菜单中选择"混合选项"。

4）双击指定图层——最直接的方法。

5.1.1 混合选项

打开"图层样式"面板，直接显示的是"混合选项"。"混合选项"是一个总开关，"常规混合"中的参数就是图层面板中的"不透明度"和"混合模式"，如图 5-1 所示。

"混合选项"面板中"常规混合"下面的"高级混合"是在图层面板中无法触及的高级选项。"填充不透明度"和"不透明度"作用的效果

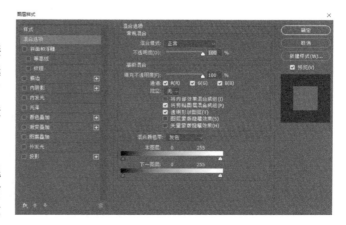

图 5-1 混合选项

并不相同，如在已知图片上做了"斜面浮雕"的效果后，将"不透明度"设置为 0，图中所有内容均隐藏；而将"填充不透明度"设置为 0，则会保留已设置的图层样式效果（图 5-2）。

图 5-2　不透明度与填充不透明度应用效果

"高级混合"下面的"挖空"只有在"填充不透明度"小于 100 时才有效，"挖空"有"深""浅"两种模式。"深"的模式可以一直挖穿到背景层，没有背景层的情况下，显示为透明。"浅"的模式仅挖穿到所在图层组，没有图层组的情况下，"深""浅"效果没有区别。在图层关系如图 5-3a 的情况下，设置最上面灰色圆形区域挖空效果图，如图 5-3b ~ d 所示。

a)　　　　　b)　　　　　　　　c)　　　　　　　　　d)

图 5-3　挖空的作用
a）图层顺序　b）深—无背景　c）深—有背景　d）浅—有背景

"高级混合"下面的"混合颜色带"是一个比较有趣的设置，它能决定本图层和下一图层哪些内容显示出来。如本图层为"酒杯"图层，下一图层为"云朵"图层，双击"酒杯"调出图层样式后，如果把下一层右侧滑块向左滑动，可以看到云层直接开始出现，并可用"Alt"键把滑块分解为两半，实现渐变效果，做出类似于半透明的变化（图 5-4）。

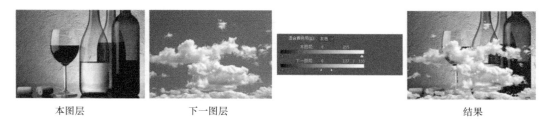

本图层　　　　　　　　下一图层　　　　　　　　　　　　　　　结果

图 5-4　混合颜色带

5.1.2　内/外投影

"图层样式"中的样式效果一共有 10 种，主要包括"内/外投影"（图 5-5），"内/外发光""斜面与浮雕""描边""颜色/渐变/图案叠加"等，其中"光泽"使用得较少。

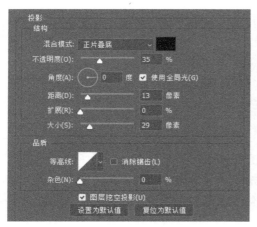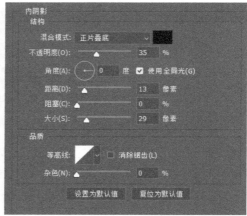

图 5-5   内/外投影

　　"内/外投影"分别是两个选项，但选项卡内容却极为相似，区别是，一个是在内部产生投影，而另一个是在外部产生投影。因为其效果是加深的，所以采用的混合模式是"正片叠底"，默认颜色为黑色。面板中"角度"主要是控制光线的方向，当修改它的角度时，可以看到投影的方向发生了偏转，投影会在光线对角线的位置，如当前位置为0°，投影就在水平位置左侧。"使用全局光"可决定所有的样式光源是否保持一致，该作用效果不仅对于本图层有效，还对所有"使用全局光"的图层式样都是有效的。

　　面板中"距离"控制的是阴影的远近，"扩展"控制的是虚化程度，"大小"控制的是阴影的尺寸，这三项是内/外投影中最常用的参数设置，其设置效果如图5-6所示。

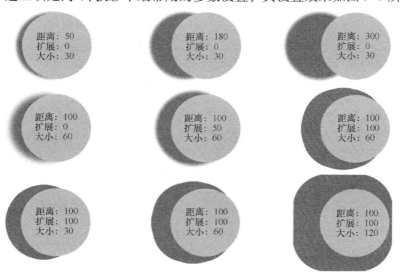

图 5-6   投影参数对比

　　面板中"品质"选项中"等高线"定义了扩展区域的造型（图5-7），可以在下拉菜单中选择不同的等高线类型。"杂色"则用来控制阴影噪点的多少。

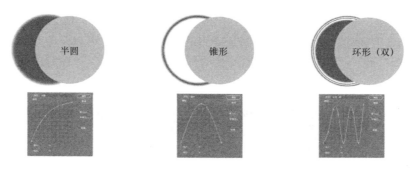

图 5-7　等高线效果对比

　　"内投影"也叫作"内阴影"，是产生在内部的，它和"投影"唯一的区别在于将"投影"中的"扩展"改成了"内投影"中的"阻塞"，其他参数则完全一致，"内投影"在不同参数时的效果如图 5-8 所示。

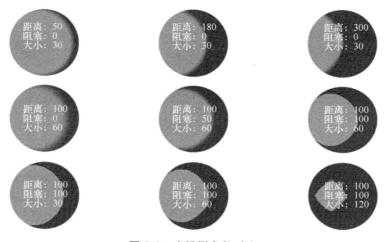

图 5-8　内投影参数对比

5.1.3　内/外发光

　　"内/外发光"和"内/外投影"是对应的（图 5-9），正如图层混合模式中的"滤色"和"正片叠底"是对应的，所以这里采用的混合模式是"滤色"，默认颜色为白色。

图 5-9　内/外发光

打开"外发光"和"内发光"选项，也会发现二者极其相似，区别仅为"内发光"多了"源"的选项。"杂色"同样是用来添加噪点的。发光的颜色可以是单色，也可以是渐变色。"图素"中"扩展/阻塞"控制的是发光的虚化程度，"大小"控制的是发光区域的尺寸（图5-10）。

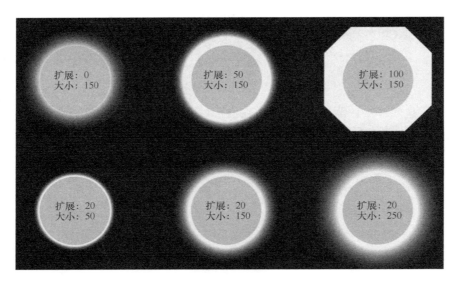

图5-10 外发光参数对比

"图素"中"方法"有"精确"和"柔和"两种模式，"柔和"范围要小一点。"品质"选项的等高线和投影是一样的，但是多了一个"范围控制"。"抖动"在单色是无效的，只有发光颜色是渐变的情况下才有效（图5-11）。

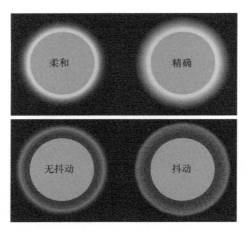

图5-11 "精确/柔和"和"无抖动/抖动"效果对比

"内发光"几乎和"外发光"一样，区别仅在于"内发光"多了一个"源"的选项，其作用就是设置从中心发光，还是从边缘发光，如图5-12所示的就是"内发光"在不同参数时的作用效果。

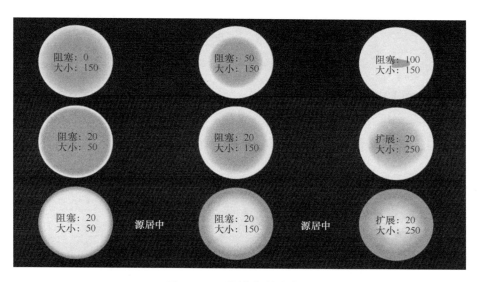

图 5-12　不同参数的内发光

5.1.4　斜面和浮雕

"斜面和浮雕"是一个比较重要的效果（图 5-13），在参数面板中可以看到"高光模式"中添加了白色，"阴影模式"中添加了黑色，通过添加的黑白可以使平面图形直接呈现立体效果。斜面和浮雕的样式共有 5 种，常用的样式有 4 种，主要包括"外斜面""内斜面""浮雕效果"和"枕状浮雕"（图 5-14），其中"内斜面"和"枕状浮雕"最为常用。在形成明暗的方法上包括"平滑""雕刻清晰""雕刻柔和"三种模式（图 5-15）。

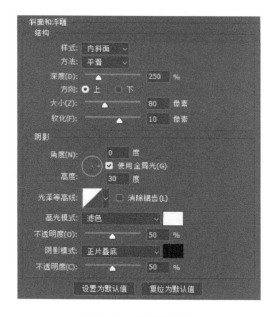

图 5-13　斜面和浮雕

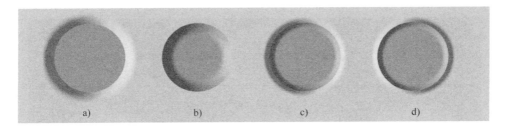

图 5-14　斜面和浮雕的样式

a）外斜面　b）内斜面　c）浮雕效果　d）枕状浮雕

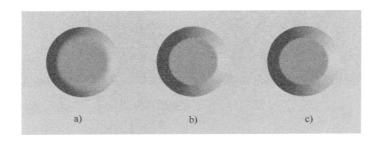

图 5-15　不同的明暗模式

a）平滑　b）雕刻清晰　c）雕刻柔和

在"结构"选项中，"深度""大小"和"高度"是用来控制斜面样式的（图 5-16），"大小"用来控制斜面范围，主要体现为像素值（最大 250）；"深度"主要控制高光部分和阴影部分的对比度，使斜面看起来更平缓或更陡峭。"高度"作用的效果不太显著。

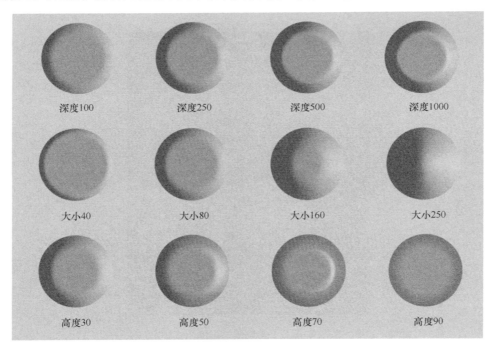

图 5-16　"深度""大小"和"高度"

　　"方向"控制了凸起还是凹陷，这主要取决于光源的位置。如果"阴影"选项中光源来自于左上方，那么凸起的左上方就是受光面，凹陷的左上方就是背光面，反之同理。

　　这里又出现了"使用全局光"，也就是和整体光源是否需保持一致。在"斜面和浮雕"中"角度"参数和"投影"效果的设置是一致的，区别是多了"高度"参数，因此光源有了三维的定义。"高度"的含义就是光源的照射角度，90°相当于正午阳光直射，因此角度越小表示光源的角度越低。不同的高度值会导致高光形状和强度不一样。

　　"光泽等高线"控制的是质感而不是形状的立体感（图 5-17），不同的"光泽等高线"形成的材质不同，有些类似金属，有些类似塑料。而"斜面和浮雕"的"等高线"选项是用来控制形状的，因此在修改"等高线"类型时，可以看到浮雕的形状也会发生变化。

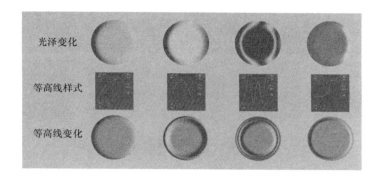

图 5-17　不同等高线对光泽和等高线的影响

　　"斜面和浮雕"的"纹理"的选项，可以控制浮雕效果的纹理（图 5-18）。"缩放"主要是控制纹理的大小，"深度"则是控制纹理的深浅。

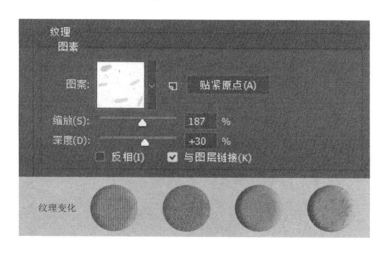

图 5-18　纹理的作用

5.1.5　叠加和描边

　　"叠加"的效果共有三种，分别控制"颜色""渐变"和"图案"。"叠加"的意思就是覆盖，"颜色叠加"就是用一个颜色替换原有的颜色，它的优先级是最高的，其他的叠加只有在"颜色叠加"未打开的情况才能起作用。

1. 颜色叠加

使用"颜色叠加"可以用某种颜色完全替换图层所有区域，"颜色叠加"面板可以设置用来叠加的颜色、混合模式和透明度（图 5-19）。

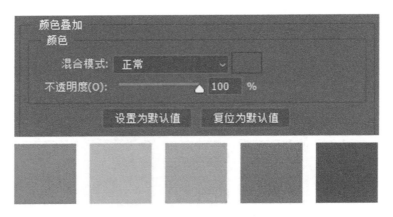

图 5-19　颜色叠加

2. 渐变叠加

"渐变叠加"的优先级高于"图案叠加"，可应用的渐变方式和工具箱中的渐变命令完全一致，可以设置渐变颜色、样式和角度等参数（图 5-20）。从可编辑性上来看，"渐变叠加"比工具箱中的"渐变"命令更加方便，因为图层样式可以随时打开编辑、修改参数、预览修改效果，这使得"渐变叠加"与矢量软件中的渐变方式更加类似。

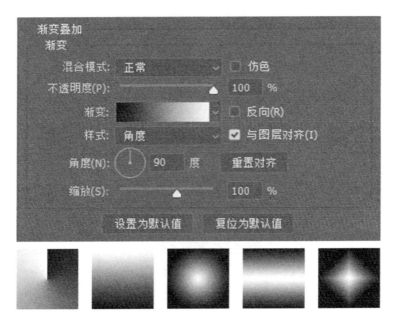

图 5-20　渐变叠加

3. 图案叠加

"图案叠加"优先级最低，就是使用图案来覆盖图层中原有的像素，其面板设置如图 5-21 所示。

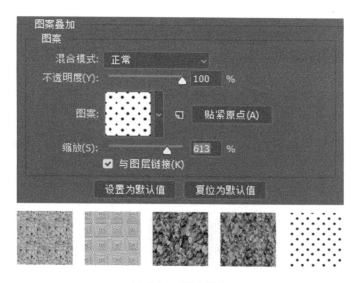

图 5-21　图案叠加

4. 描边

"描边"将三种叠加融合到了一起，不过"描边"的应用效果不在内部，而是在图层内容的轮廓上（图 5-22）。"描边"可以通过"大小"控制描边的宽窄，通过"位置"设置外、中、内三种位置，而描边的形式可以是"颜色""渐变"和"图案"中的任意一种，具体执行时会调取相应的命令。从本质上看，三种"叠加"未来也可能会结合到一起。

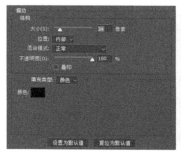  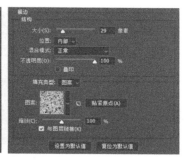

图 5-22　描边

5.1.6 样式管理

"图层样式"中的各种效果具有极强的可编辑性（图5-23），在"图层样式"面板中，可以直接通过勾选，打开或者关闭样式，还可以通过"+"选项复制图层样式，也可以通过垃圾箱图标删除选中的样式。设置好的图层样式可以在右上角单击"新建样式"，将图层样式存储下来，以备调用。

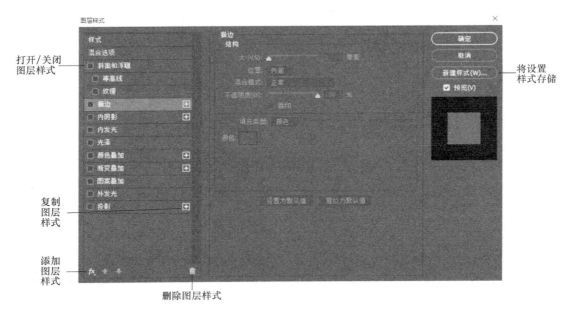

图 5-23　样式管理

在关闭"图层样式"面板后，还可以通过图层面板管理图层样式，单击眼睛图标，可以打开或者关闭样式，通过双击选中图层打开"图层样式"面板。设置好的图层样式，可以右键单击图层"拷贝图层样式"，然后在其他图层上单击鼠标右键，选择"粘贴图层样式"，就可以将设置好的图层样式应用到另一个图层上（图5-24）。

图 5-24　图层样式在图层面板的显示

打开"菜单"—"窗口"—"样式"，就可以找到已经预设的图层样式（图 5-25），对于任何图层可以通过单击预设样式直接应用。可以通过网上资源扩展预设库，通过单击样式窗口右上角的菜单——"载入样式"，可以载入拥有大量预设的样式库，并可进行快速应用。图层样式具有很强的可编辑性，并可快速应用到其他设计元素上，适用于规范性设计，所以非常适合网页、移动界面等 UI 设计领域。

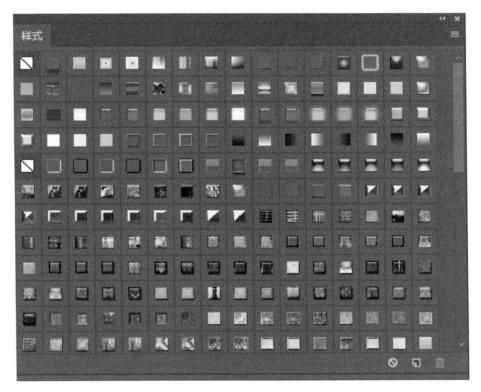

图 5-25　预设样式库

5.2　动画

Photoshop 不仅具备制作海报、印刷稿等静态图像的能力，也具备一定动画制作的能力。在 Photoshop 中能够创建出由多个帧组成的动画：将一个画面扩展成多个画面，然后在一定时间内让这些画面切换，就营造出了一种影像上的连续性，达到动画效果，这种动画经常用在网站或者 App 界面设计中。

5.2.1　动画原理

所谓动画，就是用多幅静止的画面连续播放，利用视觉暂留形成连续影像。视觉暂留就是在看到一个物体后，即使该物体快速消失，还是会在眼中留下一定时间的持续影像，这在物体较为明亮的情况下尤为明显。这里的动画并不是单纯指卡通动画片，而是泛指所有的连续影像，即使是通过手翻书（图 5-26），也可以实现动画效果。

图 5-26　手翻书

产生动画的图片切换速度，也就是动画播放速度的单位为 FPS，其中的 F 就是英文单词 Frame（画面、帧），P 就是 Per（每），S 就是 Second（秒）。用中文表达就是多少帧每秒，或每秒多少帧（图 5-27）。

图 5-27　《月影之塔》的人物动作帧图片

通常电影是 24FPS，通常简称为 24 帧。电视机的信号，中国与欧洲所使用的 PAL 制式为 25FPS，日本与美洲使用的 NTSC 制式为 29.97FPS。高的帧率可以得到更流畅、更逼真的动画（图 5-28），但帧数并不是越高越好，当帧数过高时，同等长度的影片就要存储更多的画面，因此影片的文件体积就会大量增加。

图 5-28　Photoshop 的动画帧

现在用于动画制作的二维、三维软件种类很多，如 Flash 制作的动画可以附带配音和交互性，可令整个动画更加生动。Photoshop 所制作出来的动画只能称作简单动画，这主要是因为早期的 Photoshop 动画只具备画面而不能加入声音，并且观众也只能以固定的方式观看。虽然如此，但是 Photoshop 制作的动画也有它的优点，如它可以方便快捷地制作很多网页动画图标，也可以通过图层样式动画做出其他软件都不能做出的精美的画面等。

5.2.2　帧动画

在 Photoshop 中创建动画有"帧动画"和"时间轴动画"两种方式，通过"菜单"—"窗口"—"时间轴"，可以打开 Photoshop 的动画制作面板。面板中的下拉菜单可以选择"创建帧动画"或者"创建视频时间轴"来分别创建两种动画制作方式（图 5-29），帧动画是 Photoshop 动画的基础，而时间轴动画能够插入音频和视频等其他媒体信息，输出动画的方式也更加多样。

图 5-29　时间轴面板

帧动画诠释了 Photoshop 制作动画最基础的方式，在帧动画制作方式下，可以添加、删除帧，也可以编辑每个帧显示的状态，并设置帧循环方式、帧停留时间等（图 5-30）。

图 5-30　帧动画面板说明

帧动画最直接的方式就是通过图层先设置好每帧的内容，然后可以在帧动画面板菜单中选择"从图层建立帧"，设置时间和循环方式就可以形成动画演示效果（图 5-31）。

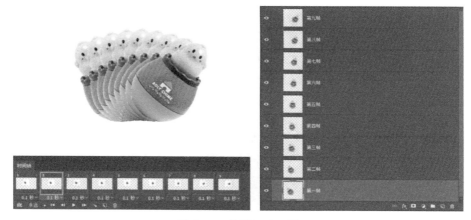

图 5-31　从图层建立帧

Photoshop 能够通过"添加过渡帧"的方式帮助设计者完成动画制作,通过"添加过渡帧"命令选项(图 5-32),也能看出 Photoshop 主要支持的动画方式为"位置""不透明度"和"效果","效果"也就是"图层样式"。

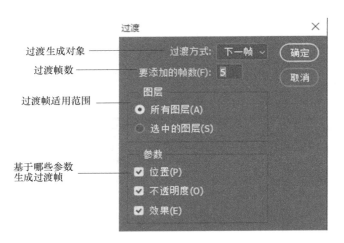

图 5-32　过渡帧设置面板

所谓过渡帧,就是在两帧之间自动插入指定数量的帧,每个帧都会根据初始参数和终止参数之间的差异自动分段配置数值。图 5-33 所示为三种过渡帧的生成效果,其中"图层样式"中包含 11 种效果,每种效果都可以用于参数化过渡帧的生成,图中为"渐变叠加"中角度渐变的过渡帧。

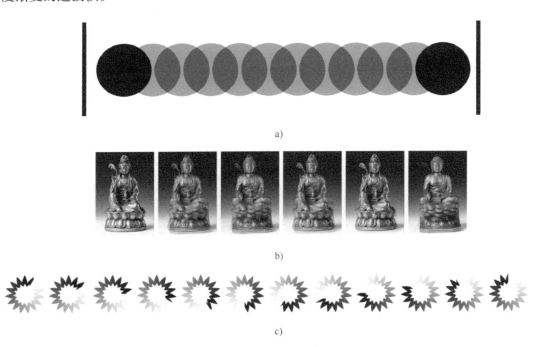

图 5-33　三种过渡对比
a)位置过渡　b)透明度过渡　c)图层样式过渡

5.2.3　时间轴动画

　　"时间轴动画"的制作方式更加接近 Adobe Effects 这种专业的视频处理软件，在这种模式下，Photoshop 输出的动画就不限于无声的 GIF 动画，在"时间轴动画"模式下，也可以插入其他媒体材料，包括模型、视频和音频等媒体资料，也可以通过"渲染为视频"输出为视频文件。"时间轴动画"的控制面板及面板中各按钮功能如图 5-34 所示。

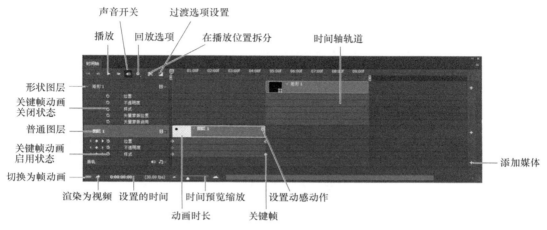

图 5-34　"时间轴动画"的控制面板及面板中各按钮功能

　　"时间轴动画"和"帧动画"可以通过"时间轴动画"面板的左下角进行切换，两者之间最主要的区别在于"帧动画"的操作对象主要是"帧"，是面向每个帧进行操作和编辑；"时间轴"的操作是面向对象的，对象包括图层、音轨和视频等，每个对象都有一个时间轴轨道，在这个轨道上可以设置动画的持续时间和动画的动作效果。

　　"时间轴动画"仍然是以"帧动画"为基础的，如普通图层的动画效果，仍是以关键帧的设置作为底层编辑方式的，也可以在"变换""不透明度"和"效果"三个轨道上进行动画编辑，然后再单击"关键帧动画启动"，就可以在播放位置插入关键帧，最后通过定义关键帧的对象参数形成动画。

　　如图 5-35 所示，"图层 1"为一个圆形，单击"变换"轨道后，使其开启。将播放位置放在初始位置，单击"变换"左侧的小点，添加关键帧，使圆位于"第一帧"位置。将播放位置拖到时间轴右侧，然后再单击"变换"左侧的小点，添加关键帧，使圆位于"后一帧"位置，此时单击播放就能看到"图层 1"的运动动画。需要注意的是，

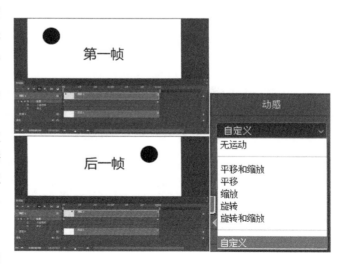

图 5-35　添加方式

背景"图层 0"要具有同样长的时间轴，否则无法全程显示背景层。

动画的添加方式（图 5-35），也可以通过"设置动感动作"实现，"动感"中包括了"平移""缩放"和"旋转"多种方式，可以使运动方式更加多样，这是"帧动画"中的"位置"参数无法实现的。

5.2.4　动画输出

GIF 动画格式输出：在文件动画设置完后，通过"菜单"—"文件"—"导出"—"存储"为 Web 所用格式（旧版），设置文件名，"格式"为"仅限图像"。

渲染视频输出：在文件动画设置完后，通过"菜单"—"文件"—"导出"—"渲染视频"，或者通过时间轴面板中的"渲染视频"输出（图 5-36）。

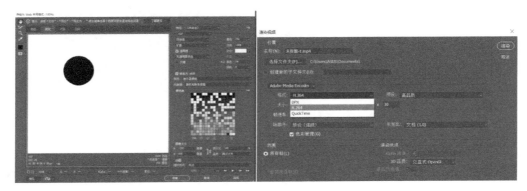

图 5-36　动画输出

5.3　切片

Photoshop 中的"切片"是将单张图像划分为若干较小的图像，这些图像可在网页上重新组合成完整的图像，如图 5-37 所示。针对每一个切片，可以指定不同的链接（URL）创建界面导航，或使用其自身的优化设置对图像的每个部分进行压缩。

图 5-37　切片

经过"切片"后，当打开网页图像时，就不用打开一张很大的图片，而是可以通过请求多个图片合成为一张整体图片，而合成的图片经过浏览器的处理看起来和整张图完全一致。切片的方式可以有效地减小界面中单个图片的大小，提高浏览者浏览界面的体验。因此多数用于 Web 网页的图像文件都会进行切片，切片之后保存为 GIF、JPG 或 PNG 格式。

5.3.1　切片工具

Photoshop 的"切片工具"就是用来分解图片的，一个图像在未分割前，默认整个图像区域为一个自动切片，使用"切片工具"可以把图片切成若干小图片。

"切片工具"位于裁剪工具组，如图 5-38 所示，它可以理解为将图片分为若干小的矩形区域分别裁剪。

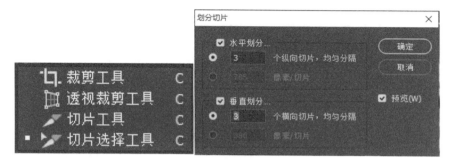

图 5-38　切片工具

"切片工具"的使用方法（图 5-39）有：

1）直接通过鼠标左键在指定区域绘制矩形，形成自动的切片布局。

2）在"切片工具"选中时，右键工作区，在右键菜单中选择"划分切片"。

通过鼠标直接划分的方式比较自由，而"划分切片"可以定义水平和垂直方向切片的数量，或者指定像素生成大小均匀的切片。

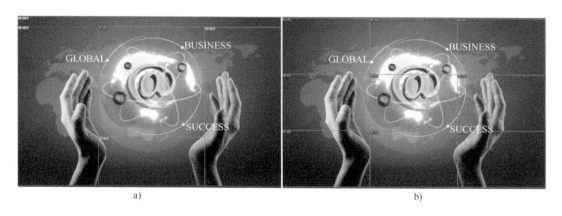

a)　　　　　　　　　　　　　　　　　　　　　　　　b)

图 5-39　切片的使用方法

a）自动切片布局　b）划分切片

制作切片后，软件会自动为切片编号，便于管理和存储，所有的切片均为长方形，切片间彼此不重叠。在"切片工具"选中的情况下，可以随时灵活地添加新的切片，或者合并已有的切片。

5.3.2 切片编辑和输出

切片的编辑主要通过"切片选择工具"进行（图 5-40），它的工具属性栏和"移动工具"非常接近，不仅可以调节切片的上下层关系，还可以使不同的切片对齐和均布。

图 5-40 切片选择工具的属性栏

在"切片选择工具"被选中的情况下，单击任一切片，选中的切片就会高亮显示，此时可以用鼠标左键直接拖动调整切片大小。双击切片（或在右键菜单中选择"编辑切片选项"）能够调出"切片选项"面板，如图 5-41 所示。在面板中可以精确控制切片的尺寸和位置，并且能够设置图片链接的地址（URL）实现简单的原型演示。

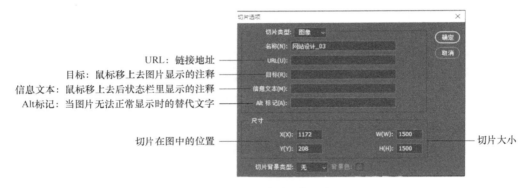

图 5-41 "切片选项"面板

切片的输出和动画类似，通过"菜单"—"文件"—"导出"—"存储为 Web 所用格式"（旧版），设置文件名，将"格式"设置为"HTML 和图像"，就可以得到切片的 HTML 显示以及分别存储的单个切片图片。

5.4 单元练习

5.4.1 动画制作

本练习属于 Photoshop 动画基础练习，通过两个动画案例，即帧动画和时间轴动画的制作方法，熟悉动画制作的基本思路，练习说明见下表：

知识	认识 Photoshop 输出动画的格式和输出设置，了解帧动画和时间轴动画的区别
技术	掌握 Photoshop 动画中关键帧的制作方法、帧的管理、过渡帧的生成方法、时间轴的管理以及动画输出等
能力	具备通过 Photoshop 制作动画的基础能力

动画制作如图 5-42 所示。

图 5-42　动画制作

5. 4. 2　手机 App 界面制作

本练习属于 Photoshop 用于交互界面设计的综合案例，主要学习图层样式的设置和快速应用，练习说明见下表：

知识	了解通过 Photoshop 进行交互界面制作的基本设置
技术	Photoshop 图层样式的设置、快速复制与编辑，涉及文字和路径管理工具
能力	具备通过 Photoshop 制作交互界面的基础能力

手机 App 界面制作如图 5-43 所示。

图 5-43　手机 App 界面制作

Photoshop 辅助产品设计（一）

6.1 产品的形——路径

产品效果图的表达主要包括产品的形状、光影和质感三个部分，如图 6-1 所示。在绘制一个产品时，第一步需要做的是能够准确勾勒出产品的轮廓和细节。在设计创意产生时，设计师更倾向于在纸上绘图，通过笔来勾画产品的形态。现代数位板和数位屏（图6-2）技术也可以让设计者在 Photoshop、Sketchbook、Painter 等软件中通过手绘的方式来绘制产品效果图，但是这种方式主要用于产品概念设计图的快速表达。如果在 Photoshop 中精确绘制效果图，就需要使用到一些特定的工具，那就是路径和形状工具。

图 6-1　汽车造型设计效果图

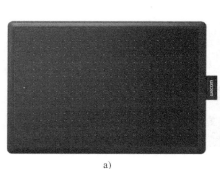

a)　　　　　　　　　　　　　　　b)

图 6-2　数位板和数位屏

a）数位板　b）数位屏

在绘制效果图前，基于已有的汽车造型设计草图，如图 6-3 所示，需要通过路径精确描绘它的形状区域，然后才能正确地进行光影和结构的表现（图 6-4）。打开汽车效果图中路径窗口，可以看出为了表现出丰富的产品细节，需要大量精确而复杂的路径，所以掌握"钢笔工具""路径选择工具"和"形状工具"是表现产品效果图的基础。

图 6-3　汽车造型设计草图

图 6-4　汽车造型设计效果图路径

6.1.1　钢笔工具

"钢笔工具"（快捷键 P）（图 6-5）是绘制路径的基础工具，其快捷键是 P，用钢笔工具绘制出来的路径曲线属于贝塞尔曲线。贝塞尔曲线是计算机图形学中重要的参数曲线，如图 6-6 所示，被普遍应用于二维图形设计软件。一般的矢量图形软件都设有贝塞尔曲线工具，它是由线段与节点组成的，主要通过节点来控制曲线或线段的走向。

图 6-5　钢笔工具

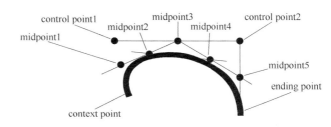

图 6-6　贝塞尔曲线

1. 路径的概念

选择"钢笔工具"，属性栏设置为路径，当鼠标光标右下角出现"＊"时就可以确定起点，在确定好若干个节点后，将鼠标放回起始点，当鼠标光标右下角出现"○"，就可以封闭曲线。对于已经绘制的路径，若想继续添加绘制，可调出钢笔工具，然后将鼠标停留在路径端点，当出现"▬■▬"，就可以单击继续编辑，不同状态下钢笔工具的光标如图 6-7 所示。

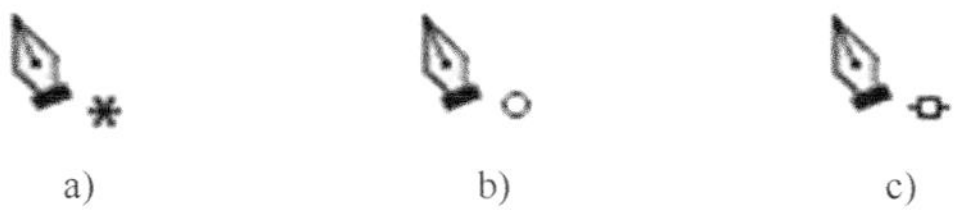

图 6-7　不同状态下钢笔工具的光标

a）起点　b）封闭　c）连续编辑

通过界面右下角的路径窗口可以看到，在钢笔绘制时，会有一个系统自动创建的"工作路径"，内部为白色，外部为灰色。路径面板的控制与图层基本是一致的，但是需要注意的是："工作路径"是默认新建的，因此在重新绘制时会被替换掉，所以建议适时保存"工作路径",双击"工作路径",可以调出存储窗口。

在"路径"面板中（图6-8），也可以看到一个自动生成的路径，"路径"面板的下方，也可以看到三个不同的小圆，这三个小圆从左至右分别是"用前景色填充路径""用画笔描边路径"和"将路径作为选区载入"，这些快捷功能分别对应了路径右键菜单栏里的几个功能。

在选中"钢笔工具"时，工具属性栏小齿轮的下拉选项中可以设置路径的选项，其中包括路径的"粗细"，还有路径的"颜色"，如果选中"橡皮带"选项，如图6-9所示，可以在节点没有确定时预览路径的形状。

图6-8　"路径"面板

图6-9　橡皮带

2. 锚点

绘制路径的时候，并不是直接画出线段，而是通过"钢笔工具"确定节点，在 Photoshop 中，这些节点被称为"锚点"，锚点大致可以分为平滑型和尖锐型。

平滑型的锚点如图6-10所示，锚点两边的曲柄在同一直线上，默认长度相同，可以重新编辑长度来调整对应线段的曲率，锚点两边曲线连接平滑。

尖锐型的锚点如图6-11所示，锚点两边的曲柄不在一条直线上，路径在直线状态下没有曲柄，锚点连接处尖锐，改变曲柄位置和长度可以分别控制尖点两边的曲线形状。

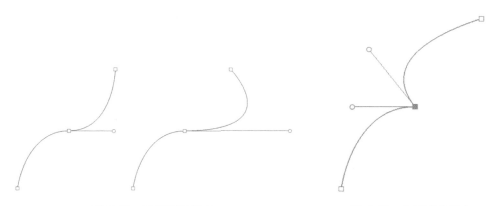

图6-10　平滑型的锚点　　　　　　　　　　　图6-11　尖锐型的锚点

曲柄的位置和长度决定了两个锚点间线段的形状。由于 Photoshop 自动在这些锚点间依次连接线段构成路径，所以画路径的过程就是确定锚点位置的过程。对于已经完成的路径，就可以通过更改锚点的数量、位置以及调整曲柄进行编辑。

3. 添加、删除锚点

选择"钢笔工具"时，将鼠标移动到锚点上，鼠标右下角会出现一个减号"－"，表示可以删除锚点；将鼠标移动到路径上时，其右下角会出现一个加号"＋"，表示可以添加锚点（图 6-12）。钢笔工具栏下也有单独的"添加锚点工具"和"删除锚点工具"。

图 6-12　添加锚点和删除锚点的光标
a）添加锚点　b）删除锚点

4. 转化点工具

进入"钢笔工具"选择"转换点工具"，在锚点位置直接拖动锚点，可以再次使折线成为光滑曲线。在转换点工具命令下，按住"Alt"键单击调节一边的曲柄，对应锚点就会变成尖锐点，锚点转换效果如图 6-13 所示。

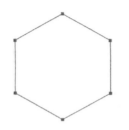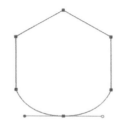

图 6-13　锚点转换

选择"转换点工具"，然后单击锚点，该锚点就会变成没有曲柄的锚点，如图 6-14 所示。

5. 自由钢笔工具、弯度钢笔工具

自由钢笔工具可以直接按鼠标左键单击过的运动轨迹生成路径，但是一般不单独使用，单击"磁性的"按钮配合使用 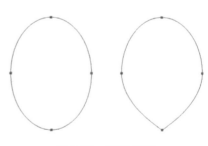 时，功能类似前文提到的磁性套索工具，区别在于完成封闭后该配合使用效果得到的是路径，而磁性套索工具得到的是选区（图 6-15）。

图 6-14　取消曲柄

弯度钢笔工具实际是将每一个锚点默认为光滑的。通过不同点数路径的对比可以发现路径上的点越少，实际上绘制出的线条越光顺，看起来越有弹性，而路径上的点数越多，反而越难控制，如图 6-16 所示。

图 6-15　自由钢笔工具

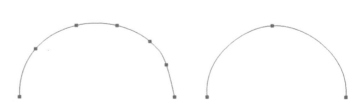

图 6-16　不同点数的路径

6.1.2 路径选择工具

编辑路径和调整路径上的点需要使用"路径选择工具组","路径选择工具"是选择整条路径的,类似于移动命令,可通过按住"Alt"键,直接复制一条新的路径。当单独选择路径上的点时,则需要使用"路径选择工具组"里面的"直接选择工具",可以移动路径上锚点的位置,也可以改变锚点的曲柄方向。

路径与路径之间可进行关系运算,当对选中的两条路径进行布尔运算时,可假设画了两条相交的圆形路径,其中先画的路径为 A,后画的路径为 B,如图 6-17 所示,然后选中路径并转化为选区,使用"Ctrl + Del"操作进行前景填充,可以发现现在的结果是 A + B,并且减去 A 和 B 的交集区域,如图 6-18 所示。

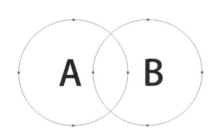

图 6-17　A/B 路径

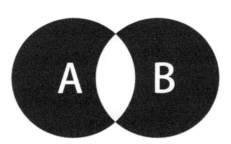

图 6-18　A + B 减去 A 和 B 的交集

1. 合并形状

用"路径选择工具"选择两条路径,在工具属性栏中将"路径操作"都设置为"合并形状",再选择"合并形状组件",就可以对两条路径进行一个并集的计算,得到一个 A + B 的区域,如图 6-19 所示。

2. 减去顶层形状

如果两条路径都设置"减去顶层形状","减去顶层形状"的含义是取反相,再执行"合并形状组件",可以得到 A + B 的反相区域,如图 6-20 所示。

图 6-19　A 与 B 的并集

图 6-20　A + B 的反向

如果想让两个路径相互修剪,可以把 A 选为"合并形状",保持 B 为"减去顶层形状",就可以得到 A – B 的形状,如图 6-21 所示。而把 B 选为"合并形状",保持 A 为"减去顶层形状",则发现结果是 A – B 的反相区域,如图 6-22 所示。得到这种结果的原因是因为 A 是先绘制的,所以会被认为是在底层。如果把 A 设置为在顶层,得到的结果就是 B – A。

修剪问题比较复杂，最好先通过缩览图预览修剪效果。

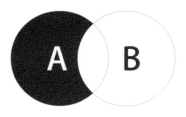

A 为"合并形状"
B 为"减去顶层形状"

图 6-21　A－B

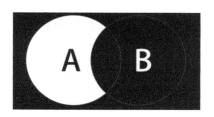

A "减去顶层形状"
B 为"合并形状"

图 6-22　A－B 的反向

3. 与形状区域相交

在属性栏中，选择"与形状区域相交"就可以得到 A 和 B 的交集区域，如图 6-23 所示。

4. 排除重叠形状

采用同样的设置方法，如果设置为"排除重叠形状"，就是去除 A 与 B 的交集，得到的效果如图 6-24 所示。

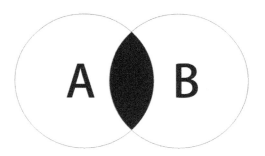

图 6-23　A 与 B 的交集

图 6-24　A＋B 减去 A 和 B 的交集

6.1.3　形状工具

"形状工具"就是绘制形状规则的路径，包括"矩形工具""圆角矩形工具""椭圆工具"等（图 6-25），这些工具的作用可以通过名称直接理解，其中"自定义形状工具"所包含的形状种类丰富，并且可以引用第三方资源。

需要特别注意的是，当使用"钢笔工具"或"形状工具"时，可以在工具属性栏最左侧看到一个下拉选框，下拉选框中选项包括"形状""路径"和"像素"三个选项。"钢笔工具"默认设置是"路径"，而"形状工具"默认设置是"形状"，它们之间有什么区别呢？

图 6-25　形状工具

形状：形状工具下的属性默认为"形状"，在创建完形状后图层面板中会新建一个形状图层，画出来的东西体现在图层面板的是矢量形状，其颜色形状可以调整，放大或缩小也不会失真。在"形状工具"工具性属性栏中，还有很多选项可以设置，如填充和描边等，如图 6-26 所示。

图 6-26　形状工具属性栏

形状工具的描边和填充都有四种不同的方式（图 6-27），填充可以选择无填充、纯色、渐变和图案填充，描边选项也可以设置描边类型。

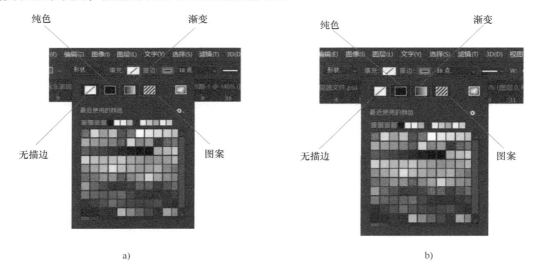

图 6-27　填充和描边

a）填充　b）描边

路径：形状工具下的属性选为"路径"时，得到的是独立的矢量路径，因此不体现在图层面板上，而由路径面板管理。

像素：形状工具下的属性选为"像素"时，对形状工具来讲，是进一步的简化，画出来的矢量形状直接栅格化处理为像素结果呈现，它在图层面板是一个像素图层，因此颜色形状不能直接编辑，放大或缩小也会失真，如图 6-28 所示。

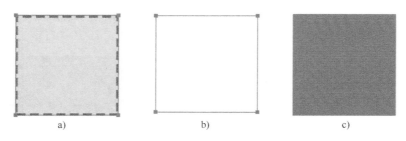

图 6-28　形状、路径与像素

a）形状　b）路径　c）像素

通过以上对比，可以发现"形状工具"采用的是"形状"选项，在绘制时会自动生成形状图层，可以填充颜色或者描边处理，类似于矢量软件中对图形的绘制；而"钢笔工具"

采用的是"路径"，是通过路径窗口进行管理，而不受具体图层影响。两种方式各有优缺点，并可通过下拉选框进行自由切换。

6.2　产品的质——反射与光泽

在日常生活中可以发现，造型一样的产品，如果使用不同的材质，给人的形象感受是完全不一样的，其光影也有着很大的差异，这就是通常说的质感。

6.2.1　Photoshop 中产品材质的分类

按照通常的材料分类方式，产品常用的材料可归为金属、塑料、陶瓷、玻璃和木材五大类，如图 6-29 所示。但是每一类材料又有很多分支，可以把金属材料分为黑色金属（也就是钢铁）、有色金属和合金金属等，每一种材料随着加工工艺和表面处理的不同，效果也会产生差异，其他的几类材质也都有这样的特点，这使得材质的种类千变万化。

a)　　　　　　　　　　　　b)

c)　　　　　　　　　　　　d)

e)

图 6-29　金属、塑料、陶瓷、玻璃和木材

a）金属　b）塑料　c）陶瓷　d）玻璃　e）木材

为了认识材料，可以换一个角度来认识材质的特性。人们认识世界的主要通道是视觉，即光的感知。材质的视觉差异在于他们对光的物理特性不一样。光照射到产品表面上，会产生以下物理现象：

（1）反射 当关闭光源后，大部分物体将不再可见。反光是物体能被看见的基本条件，物体表面对光的反射性质不一样，因此会产生不同的颜色、光泽度和层次感。

（2）折射 理论上，在厚度可以无限薄的条件下，光能够穿透一切物体，但是通常折射现象（图 6-30）往往发生在透明材质上，如玻璃、水晶、透明塑料和水等。因为光在不同介质中的速度不同，所以就产生了入射角度的差异，这会导致折射后所观察到的世界会产生形变。

图 6-30　折射现象

（3）发光 除了来自自然界和人工照明的光，在当今这样一个数码产品普及的时代，很多产品本身就是发光的，如灯具、计算机或者手机屏幕（图 6-31）。

图 6-31　发光的屏幕

6.2.2　材质的反射特性

反射是一种光学现象，指光在传播到不同物质时，在分界面上改变传播方向又返回原来物质中的现象。光遇到水面、玻璃以及其他许多物体的表面都会发生反射。光在两种物质分界面上改变传播方向又返回原来物质中的现象，叫作光的反射。

　　根据基本的光学理论，物体会吸收光并且反射光，某物体之所以呈现出某种颜色，是因为它吸收了这个颜色以外的其他颜色（可见参见本书第 1 单元第 3 节色彩模式相关内容）。

　　基于物体表面不同的粗糙度，物体表面的反射分为镜面反射和漫反射。

　　如果物体表面非常光滑平整，朝一个方向反射光线，就会产生镜面反射，常见的镜面反射材质包括镜子以及金属。当物体表面比较粗糙时，它反射的光线就会分散，产生漫反射，而且随着物体表面的粗糙度提高，它对光线定向的反射强度是降低的。

1. 光泽度

　　表面粗糙度有差异，就产生了物体不同的光泽度（图 6-32）。不同的光泽度给人呈现出来的视觉感受是不一样的。通过下面三个球体，可以看到三种光泽度的质感。

a)　　　　　　　　　b)　　　　　　　　　c)

图 6-32　不同的光泽度

　　最左边球体反映了光泽度比较低的漫反射效果，有点类似于塑料中的亚光材质；而最右边球体是镜面反射的效果，像一块不锈钢球；中间的球体是介于两者之间的效果，像铅球的质感。

　　这里的质感主要通过图层样式中的"渐变叠加"来实现，改变"渐变叠加"的"渐变"设置就可以表现出不同的反射效果，"渐变叠加"选项如图 6-33 所示。

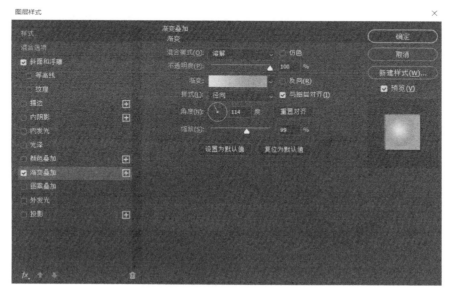

图 6-33　"渐变叠加"选项

　　图 6-32a 所示球体使用的渐变是三个色块，光影变化比较均匀。图 6-32b 所示球体的

渐变有四个色块，交界线位置的四块颜色更深一些，拉大对比。而图 6-32c 所示球体变化比较复杂，球体明暗之间的变化非常剧烈，在明暗交界线处几乎没有渐变，对比非常强，主要表现出了对周围环境非常清晰的、类似镜面的反射效果，三种不同反射表现的设置如图 6-34 所示。

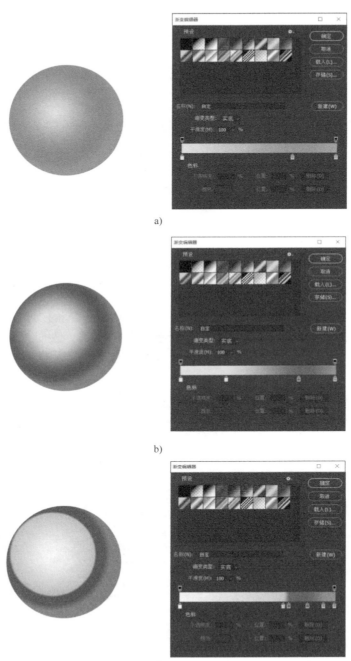

图 6-34 "渐变叠加"设置与反射表现

　　从上面例子可以看出，表达镜面反射的效果时，它的明暗交界对比清晰强烈；表达漫反射的效果时，环境光照的清晰度较低，明暗交界线模糊，变化柔和。

　　2. 次级表面反射

　　材质本体表面粗糙度会带来光泽度的差异，虽然陶瓷和一些塑料材质看起来明暗变化比较柔和，但是也有一些镜面反射的光泽。这是因为这类材质的表面处理工艺（上釉、喷漆等）导致它表面有一层光洁平整且透明的涂层，这个涂层会产生对环境，特别是高光的反射，而涂层内部又是漫反射，因此就产生了次级表面反射。

　　次级表面散射是在原图的基础上增加了一个光源反射，虽然变化不多，但是却能提高材质的光泽感，如图 6-35 所示。

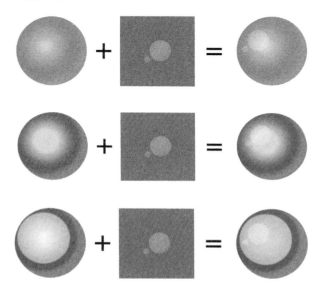

图 6-35　次级表面反射

　　如果想替换材质的颜色，可以通过图层样式中的"颜色叠加"实现，如选中反射最强烈的图层样式，打开颜色叠加，就得到类似于黄铜的材质，颜色叠加后黄铜材质如图 6-36 所示。

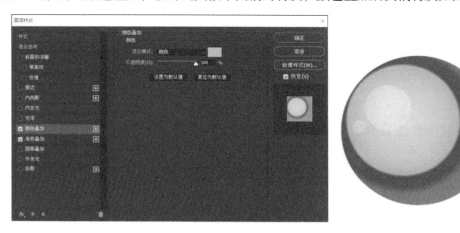

图 6-36　黄铜材质

6.2.3　材质的肌理效果

材质除了光泽度的特性，还有表面的肌理影响材质的触感，这些肌理感可以由图层样式或者滤镜来快速表现。

下面可以通过简单的操作使材质具备肌理效果，在图 6-37 中基于一个已有光影的球体，新建一个图层，载入球体区域填充为灰色，再使用了滤镜中的"杂色"命令，通过"柔光"进行混合，形成了类似磨砂的效果。

在"杂色"的基础上，再追加滤镜中的"动感模糊"，同样再通过"柔光"进行混合，得出的效果类似拉丝的效果，如图 6-38 所示。

通过使用图层样式中的"斜面和浮雕"选项中的"纹理"，可以营造出类似橘皮的效果，如图 6-39 所示。

图 6-37　磨砂效果

图 6-38　拉丝效果

图 6-39　橘皮效果

在处理这些肌理效果时，通过蒙版弱化了形体边缘，保留了中间的区域，并通过柔和高光来突出质感。

通过以上几个例子，可以看出产品质感的表达并不需要很复杂的命令，但是需要深刻理解光线在物体表面发生反射的性质，巧妙地利用明暗对比和高光形状就可以有效表达出不同的材质感。

6.3　产品的质——折射

光线照射到物体表面时，一部分光会以各种形式反射出去，而另一部分光会进入物体的内部，这时就产生了折射。

光的折射是指光从一种透明介质斜射入另一种透明介质时，传播方向一般会发生变化，这种现象就叫作光的折射。光的折射与光的反射一样都是发生在两种介质的交界处，只是反射光返回原介质中，而折射光进入另一种介质中，因为光在两种不同的物质里传播速度不同，所以在两种介质的交界处传播方向会发生变化。在两种介质的交界处，既发生折射，同时也发生反射。反射光光速与入射光光速相同，折射光光速与入射光光速不同。

6.3.1　材质的折射特性

虽然光能够穿过所有的材质，但通常意义的折射现象往往发生在那些能够让光完全透过的材质，这种材质包括玻璃、有机塑料、水晶和透明液体等。这类材质表现起来比较复杂，因为它不仅需要像金属、塑料那样考虑材质的光泽感，还需要考虑产品后面的光会穿过物体，使人能够看到透出来的物体后面的环境，这样就增加了产品的表现难度。

折射总会产生光线的偏移，这是由于光在不同介质中传播速度不一样。光在真空中传播的速度和某个介质中速度的比值，就是折射率。不同的材质，折射率不同，水的折射率是1.3333，玻璃是1.5，不同的折射率意味着在光进入不同材质时，会发生偏转的角度不同。折射率越大，偏转角度也就越大，透过折射物体的场景变形也就越严重，如图 6-40 所示。当偏转角度足够大时，就不能看到物体背后的环境，而仅能看到阴影或者暗部。

图 6-40　不同的折射率

通过三维软件 Keyshot，可以模拟不同折射率产生的扭曲效果。图 6-40 中三个椭球体的形状相同，从左至右折射率分别为 1.1、1.3、1.6，通过图 6-40 可以看出，不同的折射率会引起透出的物体扭曲不一样。折射率比较低时，扭曲比较小，折射率越高时，扭曲越大。在Photoshop 这种平面软件中，虽然很难把折射角度做得非常精确，但是可以根据材质的折射特性，使产品看起来更加逼真。

6.3.2　折射材质——薄壁

通过一个玻璃杯的案例可以解析 Photoshop 中对透明材质的表达。杯子作为一个圆柱体，首先需要表现正常圆柱体的光影关系，有受光面、高光和暗部，这部分光影主要是反射产生的。

而另一方面，一部分光会从杯子后面折射过来。空的玻璃杯仅在杯壁产生折射，因为光线只穿过杯子里的空气，所以光线的折射扭曲角度并不大，变形也比较小，杯子后的背景会透过杯子显示出来，只是因为折射产生了损耗。

从观察者的角度出发，光线的入射角度一直在变化。在圆柱体中部，光线相当于垂直穿过，而靠近圆柱边缘时，入射角会逐渐增大，并且在视线方向上玻璃的厚度也会增加，因此在靠近边缘的地方就形成暗部，如图 6-41 所示。

玻璃杯杯底是比较厚的玻璃，在观察者视线方向也是一个圆柱，但是其背景已经经过强烈扭曲而无法识别，其效果可以通过"形状工具"或者"画笔工具"绘制。杯口上面有玻璃的边界，在边界上会产生一定的反射，所以在杯口要用一条比较暗的轮廓来进行突出，还要加高光强调反射（图 6-42）。

图 6-41　高光和暗部的绘制

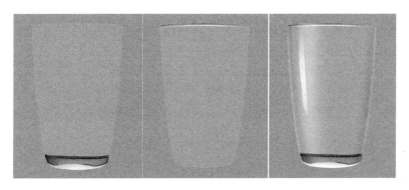

图 6-42　水杯效果合成

6.3.3　折射材质——体积

空的玻璃杯是只有薄壁的容器，折射现象比较弱，但是当杯子中装入一些液体时，折射现象就会变得更加显著。

1. 水

要表达装了半杯水的杯子，需要表达两个不同的部分——透明的杯子和里面透明的水，如图 6-43 所示。水存在于容器中变成了一个实心的圆柱体，其折射产生的变形就会比较强烈，背景的变形可以通过 Photoshop 的"变形工具"实现。

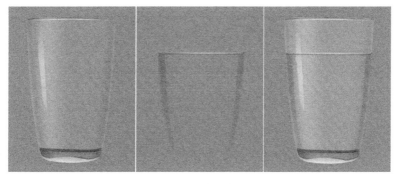

图 6-43　水的表现

　　因为折射现象临界角的存在，光线的入射角度在超过临界角度时会完全变成反射，为了表达这一现象，在杯子两侧增加两条暗条。

　　另一方面，杯中水的上表面会发生反射，既有对水中光线的反射，也有对杯口上方环境的反射，所以也用明暗两条线来强化一下。液体在靠近杯壁的时候，会产生一定的附着力，所以液面两边会有一定的上翘变形。

2. 酒

　　酒和水都属于透明的液体，不同的是，酒的折射率要略大于水，但透光性较差。首先添加一个图层样式，选择"颜色叠加"，混合模式改为"正片叠底"，再将超过临界角的暗部略改大，最后利用蒙版控制一下红色区域，这样就可以得到一杯红酒，如图 6-44 所示。

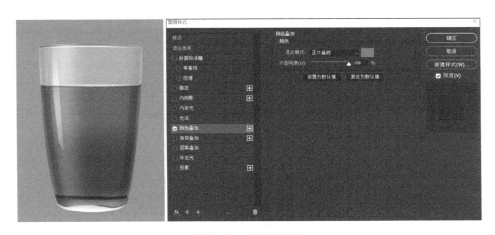

图 6-44　红酒的表现

3. 牛奶

　　牛奶属于半透明液体，因此装有牛奶的杯子，接近于次级表面反射，借鉴前面红酒的方法，把"颜色叠加"改为白色，混合模式改为"正常"，然后再改一下"颜色叠加"的透明度，这样可以使效果看起来更自然一些，如图 6-45 所示。

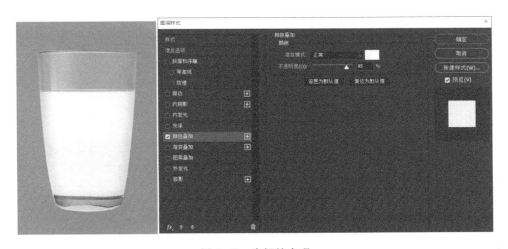

图 6-45　牛奶的表现

折射的材质远比仅具备反射特性的材质复杂，但当设计者意识到其背后隐藏的光学原理后，也可以通过 Photoshop 比较真实的表现其质感。人们对于产品的认识源于平时对客观世界的观察，而客观世界存在着的真实规律有利于设计者理解产品质感的表达方式。本单元不再介绍发光材质的表示方法，感兴趣的读者可以通过课后单元练习并结合自己的生活经验理解学习。

6.4　单元练习

6.4.1　反射材质——水龙头制作

本练习属于材质表达基础练习，表现一个高反光金属水龙头，练习说明见下表：

知识	认识产品材质的反射特性
技术	掌握 Photoshop 中通过"形状工具""钢笔工具"和"路径选择工具"绘制产品形态的技巧，并渐变体现高反光质感
能力	具备金属产品的表现能力

水龙头制作如图 6-46 所示。

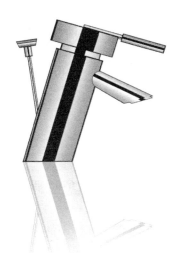

图 6-46　水龙头制作

6.4.2　折射材质——水杯制作

本练习属于材质表达基础练习，表现一个特殊造型的水杯，练习说明见下表：

知识	认识产品材质的折射特性
技术	掌握 Photoshop 中通过"形状工具""钢笔工具"和"路径选择工具"绘制产品形态的技巧，并通过光影图层体现透明质感
能力	具备透明材质产品的表现能力

水杯制作如图 6-47 所示。

图 6-47　水杯制作

6.4.3　发光材质——灯具制作

本练习属于材质表达基础练习，表现一个发光的灯具，练习说明见下表：

知识	认识产品材质的发光特性
技术	掌握 Photoshop 中通过"形状工具""钢笔工具"和"路径选择工具"绘制产品形态的技巧，并通过蒙版体现发光材质
能力	具备发光材质产品的表现能力

灯具制作如图 6-48 所示。

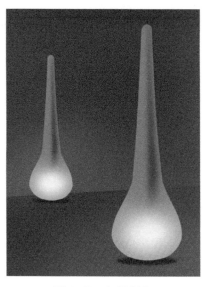

图 6-48　灯具制作

Photoshop 辅助产品设计（二）

传统绘画知识体系中，物体明暗的基本规律是"三大面"和"五大调"，"三大面"对应的是受光面——白，侧光面——灰，背光面——黑，如图 7-1 所示。在表现产品立体感的时候，往往是要先铺设出三个面的基本色调，协调整体明暗关系，然后再深入刻画细节。在刻画细节的时候，能否正确清晰地表现物体的立体感，这取决于物体表面明暗关系是否统一，是否符合人的认知常识。

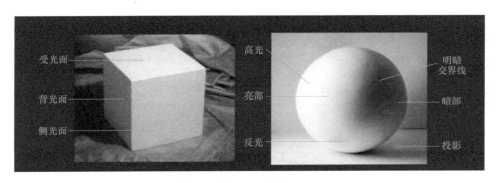

图 7-1　物体的明暗关系

在 Photoshop 中，可以使用多种工具使物体表面产生明暗，并使之过渡自然，就可以赋予产品光影，使其具备立体感。经过很多设计工作者的实践和总结，Photoshop 对于产品立体感的表现方法主要有加深减淡法、图层样式法、画笔橡皮法。

7.1　产品的光影——加深减淡法

7.1.1　加深减淡法工具

加深减淡工具（图 7-2）位于工具栏，图标是 ███，快捷键是"O"，该工具能够提高或降低已有区域像素的明度。

画笔属性栏可以设置画笔的基础属性，包括画笔的硬度、大小和形状。如果需要更复杂的设置，则在画笔设置面板里面进行设置，如图 7-3 所示。

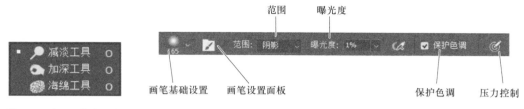

图 7-2　加深减淡工具　　　　　图 7-3　画笔属性栏

针对不同区域的加深减淡，可以在"范围"中选择对应的"阴影""中间调""高光"。

"曝光度"参数可以影响单次加深减淡的强度，该数值越大，一次加深或减淡的效果就越明显。

"保护色调"能防止颜色发生色相偏移。

"压力控制"选项只有在外接手绘屏或者手绘板的时候才有效，能够体现出画笔的压感。

7.1.2　加深减淡法原理

加深减淡法的原理是运用笔刷对制定区域进行明度的提高或降低，从而产生产品的亮部和暗部，并且也可以用于处理明暗过渡。

如下面例子中通过对中间调的灰色左上部分减淡，就形成高亮区域效果；对右下部分加深，就可以形成暗部区域；两次操作会自然生成明暗交界，如图 7-4 所示。

图 7-4　加深减淡原理示例

a）中间调　b）减淡　c）加深

使用加深减淡工具的时候需要调节笔刷硬度，笔刷硬度较小时，加深减淡边缘羽化程度高，适用于表现柔和的明暗过渡。笔刷硬度较大时，边缘清晰，一般适用于后期的高光添加。采用的笔刷硬度不同时，得到的结果如图 7-5 所示。

同时，通过加深减淡法表现产品立体感时，Photoshop 工具体现出了其智能的一面。以减淡工具为例，工具属性参数设置中的三

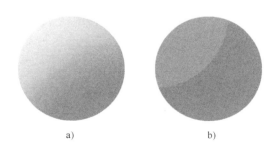

图 7-5　不同的硬度

a）硬度小　b）硬度大

个"范围"分别适用于三种区域——"阴影""中间调"和"高光",减淡工具的提亮效果在三种区域中依次增强,如图 7-6 所示。

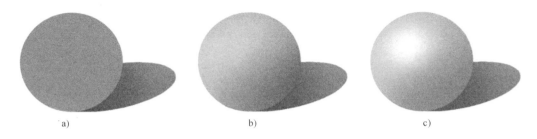

a)   b)   c)

图 7-6　不同区域减淡效果对比

a)　阴影区域的减淡效果　b)　中间调区域的减淡效果　c)　高光区域的减淡效果

加深减淡法就是通过"加深工具"和"减淡工具",将已有区域像素的明度提高或降低,实现三大面的明暗自然过渡,塑造平面图形的立体感。

7.1.3　加深减淡法简单应用

产品的造型不会像球体那样简单,因此在面对复杂产品的时候,首先应明确主体明暗关系,然后在主体明暗关系基础上绘制主要部件,最后添加高光,并完成分缝线等细节。

1. 明确主体明暗关系

如果假设光源从左上角射入(根据习惯不同,可自行选择),那么对于凸起的形态,左上为受光面,右下为背光面,而对于凹陷的形态,则恰好相反。

具体的做法: 可以先建立好椭圆选区,然后再做一个从浅灰到深灰的渐变,铺垫好总体明暗关系。然后在左上角区域使用减淡工具涂抹形成亮部,涂抹时减淡工具设置硬度为 0,而对应的做法是在右下角使用加深工具形成暗部。

为了使形态具备更丰富的细节,需要为其绘制一个倒角。在这种情况下,通常的做法是:载入选区后,在"菜单"—"选择"中,先后使用"收缩"—"羽化"—"反选",得到大椭圆外部一圈的选区,然后对该区域再次使用加深减淡工具,形成最外侧椭圆边缘倒角的效果。

需要注意的是:"羽化"的设置是令选区虚化,在使用加深减淡工具时,能够达到渐变的效果,就可以形成比较圆润的倒角。如果想要得到锐利的倒角,那么可以不使用"羽化"选区,或者"羽化"时设置一个较低的数值(图 7-7)。

铺垫明暗关系　　　　　　加深减淡　　　　　　　锐利倒角　　　　圆润倒角

图 7-7　锐利倒角和圆润倒角

2. 绘制主要部件

部件必须依附于主体，因此部件的绘制必须以主体明暗关系为基础，通常会通过选区工具（或者通过钢笔工具绘制更精确的形状，再转化为选区），利用选区从主体上直接复制这一部分，这样既保证了光影关系的统一，也能使新生成的区域具备独立性。

具体的做法：建立第二个椭圆选区，复制主体区域，并粘贴到新的图层里（通过快捷键"Ctrl + J"能够直接完成"复制选区"—"新建图层"—"粘贴"的操作）。在这里对新建的椭圆区域使用"加深工具"加深左上角，使用"减淡工具"减淡右下角，使其形成一个凹陷结构，如图 7-8 所示。

然后添加主要部件——屏幕。

图 7-8　凹陷结构

1）屏幕的绘制：首先新建一个图层，并建立椭圆选区，填充黑色，如图 7-9a 所示。

2）绘制屏幕转角小细节：载入屏幕图层的选区，通过"菜单"—"选择"—"修改"—"扩展"，将选区向外扩展五个像素，得到椭圆扩大选区再反选，回到凹陷结构的图层使用加深减淡工具绘制出转角光影，如图 7-9b 所示。

3）屏幕高光：新建一个图层，使用"渐变工具"，选择"径向渐变"方式，绘制一个从白色到透明的渐变，再用"橡皮工具"擦拭柔化边缘（橡皮的硬度为 0），形成反射的高光效果，如图 7-9c 所示。

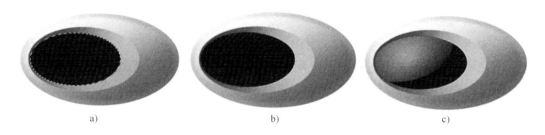

a)　　　　　　　　　　　　b)　　　　　　　　　　　　c)

图 7-9　屏幕的绘制

a）绘制屏幕　b）绘制转角小细节　c）屏幕高光

3. 分缝线细节绘制

任何一个小的细节，都需要服从整体的明暗关系。即使是一个分缝线，也包括受光面和背光面。由于分缝线一般是凹陷的，因此在靠近光源的一侧是背光的（加深），而在远离光源的一侧是受光的（减淡）。

具体的做法：新建一个图层，通过"形状工具"绘制一个椭圆路径，将其转为选区，通过"菜单"—"编辑"—"描边"生成一条椭圆线，然后将主体外的椭圆线清除。

利用椭圆路径生成的选区和"菜单"—"选择"—"扩展/收缩功能"，分别在椭圆线内侧和外侧建立两个分缝选区。内侧的分缝选区上部使用减淡工具，下部使用加深工具，外侧的分缝选区上部使用加深工具，下部使用减淡工具，最终形成具备立体感的分缝线，如图 7-10 所示。

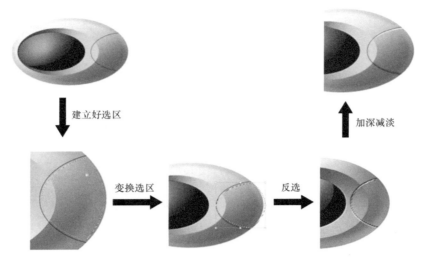

图 7-10　分缝线细节绘制

　　通过加深减淡法表现形体光影时，假定光源的位置始终是不变的，对受光的部分进行减淡处理，对背光的部分进行加深处理。加深减淡法比较常用在数码产品和家电产品设计上，它理解起来比较简单，且操作方便。它的缺点是可编辑性较差，在一个图层上包含多种明暗变化，很难进行后期调整，并且在加深减淡工具多次涂抹下，容易形成噪点，影响画面效果。

7.2　产品的光影——图层样式法

　　本书的第 5 单元详细地介绍了图层样式模块，图层样式被认为是图层的"衣柜"，运用它可以为图层穿上各种各样的外套。在图层面板中，双击任意图层（除图层名称区域外）就可以打开图层样式面板，如图 7-11 所示。除了应用于版式和交互设计领域，图层样式同样可以用于产品效果图的制作。

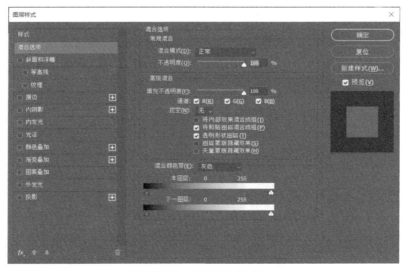

图 7-11　图层样式面板

7.2.1　图层样式法原理

图层样式作为图层的"衣柜"，包含了很多不同的效果，有"斜面浮雕""等高线""内/外发光"等，详细参数设置请参见本书 5.1 节。

在表现产品光影时，"内阴影"和"渐变叠加"是两种比较常用的方法。

1）通过"内阴影"方式表现光感的原理：在图像内部形成阴影区域表现产品的暗部，而非阴影区域被保留形成高光。

如图 7-12 所示的例子，假定光源位于左上角，在"内阴影"参数中，"角度"指向右下角，因为表现的是整体明暗关系，所以"距离""大小"设置的数值较高，为了表现柔和的光影变化，"阻塞"设置的数值也较高。

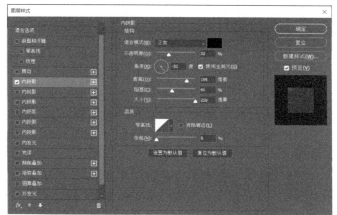

图 7-12　内阴影表现光影

2）通过"渐变叠加"的方式表现光影的原理：利用"渐变叠加"选项对图像进行填充，这里的渐变设置和工具箱中的"渐变工具"是一致的。参照第 2 单元的单元练习，设置"渐变"，使颜色从亮色—中灰—浅灰来实现光影过渡效果，应根据物体形状设置合适的渐变模式，渐变叠加表现光影如图 7-13 所示。

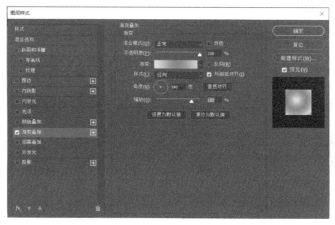

图 7-13　渐变叠加表现光影

在使用以上两种方法制作光影效果的过程中，如果要改变光影的颜色，可以通过"颜色叠加"，选择"混合模式"的"颜色"，就可以使光影具备颜色属性，如图 7-14 所示。

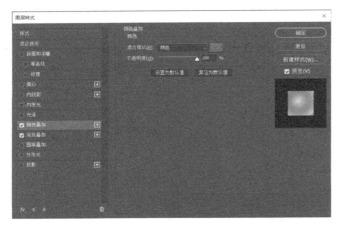

图 7-14　混合模式赋予颜色

图层样式的每一种效果都是通过参数进行调节的。在 PSD 文件格式中，所有图层样式的参数能够被保留，便于进行后期调整设置，所以通过图层样式绘制产品效果图的方法具备速度快、可编辑性强的特点。

7.2.2　图层样式法简单应用

图层样式不仅可以表现产品的基本光影，还可以表现产品表面的材质特性。在绘制具体产品时，首先仍然是明确产品表面大的明暗关系，然后通过图层效果叠加逐步丰富、完善表面材质的细节，最后再绘制细节部件。

1. 完成整体光影的布局

当绘制手机壳的背面时，如果假设光源从正面打在产品上，那么壳体的中间就是亮部，四周则为暗部，而在两侧转折处会形成比较强的反光。

具体的做法：利用图层样式里面的"内阴影"选项，在矩形区域内边缘形成一圈阴影，使其形成暗部，具备立体感。然后通过"光泽"选项，使手机壳中间部分稍暗，两侧形成高光反射。

如果高光效果不明显，可以新建一个图层，通过"画笔工具"在需要高亮的部位涂上白色，再对白色区域使用"高斯模糊"制造高光效果，进一步强调光泽感，最后得到的效果如图 7-15 所示。

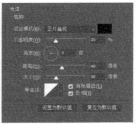

内阴影　　　　　　　光泽

图 7-15　整体光影布局

2. 制作物件表面效果

图层样式中的"斜面和浮雕"可以使手机壳表面更具质感，选择"斜面和浮雕"选项中的"纹理"图案，可通过"缩放"和"深度"改变纹理的疏密程度和深度。

当选择图案为"加厚画布"时，可以为手机壳添加颗粒感，具体设置如图 7-16 所示。

图 7-16　表面效果制作

如果想要形成其他表面肌理，可以通过设置不同的纹理图案来实现，得到的效果如图 7-17 所示。还可以通过"渐变叠加"为手机壳添加炫酷的喷漆效果。打开"渐变叠加"选项，将"样式"设置为"线性"，将"渐变"设置为从透明到深色，将"混合模式"设置为"溶解"。由于"溶解"的混合方式会随着透明度变化，随机替换颜色（参见本书 4.1 节），因此可以形成一种类似于喷涂的渐变效果，如图 7-18 所示。

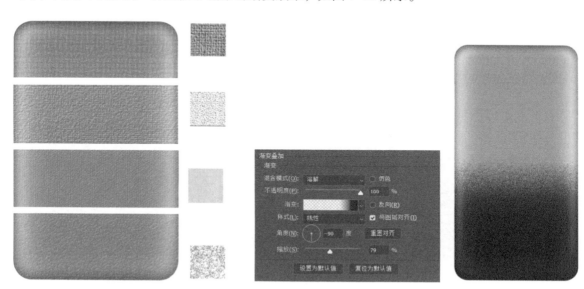

图 7-17　不同的表面肌理　　　　　　　图 7-18　表面喷漆效果制作

3. 制作细节部件

虽然手机壳的照明光源是正面，但是在表现细节时，如果仍然以正面作为主光源，通过图层样式的"全局光"计算，那么细节立体感就会较弱。假设还有一个辅助光源从左上角打下，细节的"全局光"位于左上角。

摄像头镶嵌在手机壳表面，就会在表面产生凹凸结构，具备立体感，这种凹凸结构主要通过图层样式里的"斜面和浮雕"实现。而摄像头本身是一个比较精密的部件，除了表面的透明层，内部也有很多复杂的层次，可以通过多种效果叠加来表现，最后手动添加高光。

具体的做法：新建一个图层，绘制一个圆形选区，填充任意颜色（将来会被覆盖），设置"斜面和浮雕"选项，结构样式选择"外斜面"，方向选择"上"，这样会形成内凹造型，设置合适的深度。

打开"描边"选项，因为金属边框的反射比较丰富，所以设置"填充类型"为"渐变"，渐变设置为如图 7-19 中描边面板所示的明暗多次交替，同时设置对应的渐变角度。设置合适的描边大小，描边位置为居中。

再打开"渐变叠加"选项，因为要塑造摄像头内部光晕效果，所以设置"渐变叠加"中的"样式"为"径向"，渐变颜色从深色—白色—深色。

最后新建一个图层，绘制一个圆形区域，填充蓝色，用透明度为 50%，硬度为 0 的橡皮靠右擦拭，形成一点蓝色高光（图 7-19）。

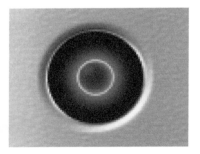
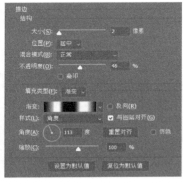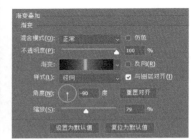

图 7-19　摄像头细节制作

如果要制作一个多镜头的摄像头，可以将摄像头基本形状改为圆角矩形形状，然后将圆形摄像头的图层样式复制过来，粘贴到新的摄像头图层上，修改"渐变叠加"样式为"线性"，最终效果如图 7-20 所示。

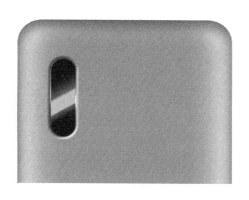

图 7-20　多镜头摄像头制作

通过手机壳背面的制作，展示了通过图层样式完成整体光影的布局，到细节部件的制作的过程。图层样式法最大的优点就在于后期可编辑性，基于当前设计方案，可以进行快速修改，或者通过修改参数数值产生衍生方案。图层样式法在数码产品和家电外形设计方面具有很大的优势。

7.3　产品的光影——画笔橡皮法

对于职业设计师而言，最自然的绘图方式还是手绘，手绘的工具仅需要画笔、纸和橡皮。在 Photoshop 里，也能通过画笔和橡皮的相互转换来实现光影表达，画笔和橡皮工具更加接近人的绘画习惯，这种方式也是手绘数字表达的基础。

7.3.1　画笔、橡皮工具

画笔工具 位于工具栏，快捷键是"B"。画笔工具的基本属性如图 7-21 所示。

图 7-21　画笔工具属性栏

根据需求，使用者可以调控画笔的大小和形状，调整画笔大小的快捷键是"［"（增大画笔直径）和"］"（减少画笔直径），画笔大小的数值代表了笔触的粗细。Photoshop 里面默认画笔的形状是圆的，但是用户可以根据需求来调控其形状，不同的笔尖样式会产生不同的笔触效果。Photoshop 中自带有多种画笔预设，如图 7-22 所示，设计者也可以自己创建形状，然后保存在预设库中方便日后调用。

画笔的混合模式设置参照本书 4.1 节。

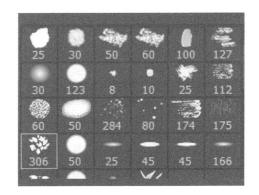

图 7-22　各式各样的画笔形状及效果

画笔的硬度，主要是指边缘的羽化程度。画笔硬度越大，画出的边缘越清晰；硬度越小，画出的边缘越朦胧，其效果和加深减淡中笔刷的硬度一样。

画笔的流量和不透明度是一对比较有趣的参数，不透明度相当于墨水的浓淡，流量相当于出墨口的大小，它们之间的区别是在单次操作中，流量是可以叠加的，而不透明度是不可以叠加的。

如图 7-23 所示，当画笔间距为 1% 时，不透明度不变且流量减半和 100% 不透明度且 100% 流量效果完全一样。

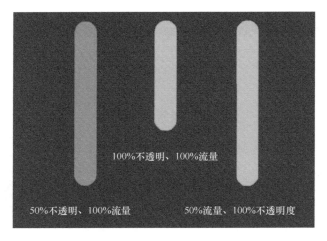

图 7-23　不同透明度和流量的参数表现

在 1% <画笔间距 <100% 的时候，不透明度不变而流量减半这种情况下，出现了颜色叠加的现象，如图 7-24 所示。

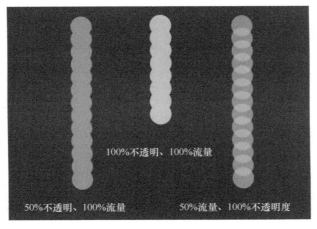

图 7-24　画笔间距小于 100% 的效果

而画笔间距大于 100% 时，50% 不透明度和 50% 的流量效果是相同的，如图 7-25 所示。

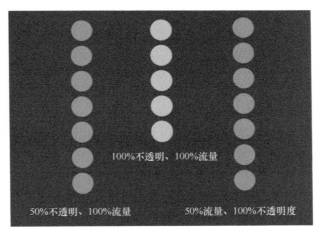

图 7-25　画笔间距大于 100% 的现象

橡皮工具 也位于工具栏，快捷键是 E，橡皮工具拥有和画笔一样的属性，橡皮擦的大小、形状和硬度等的调节都与画笔工具相同，在此不再赘述。

7.3.2　画笔橡皮法原理

画笔橡皮法的原理就是在既定的选区内，用画笔进行黑白色的铺设，然后再用橡皮擦拭定型，实现明暗的均匀过渡。总的思路就是画了再擦，擦了再画，不断叠加修改，最终实现层次丰富的明暗效果。

在用画笔橡皮法表现产品光影的时候，首先要有一个底色，底色一般铺一层明度位于中值的颜色，然后要从总体上把握明暗，即先绘制出总体的暗部和亮部，再丰富细节，然后绘制暗部的反光和亮部的暗部，体现丰富的层次。

具体就是五个步骤：画暗部（擦边缘）—画亮部（擦边缘）—画暗部的反光（擦边缘）—画亮色的暗部（擦边缘）—画高光（需要表现高光的材质），如图 7-26 所示。

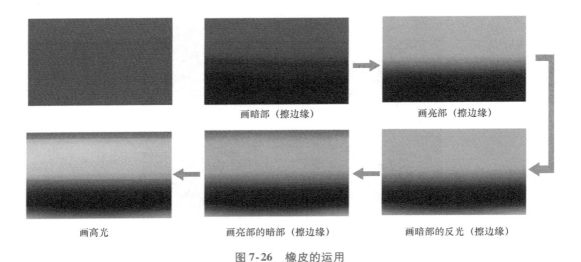

图 7-26　橡皮的运用

需要注意的是：在使用画笔橡皮法表现光感的时候，画笔的硬度一般设置为 100%，透明度为 50%，这样多次涂抹时，会有逐层强化的叠加效果。而为了保证橡皮擦工具擦除后过渡均匀，橡皮擦工具的硬度参数设置为 0，不透明度为 100%，以保证每次擦拭能够擦得彻底。

7.3.3　画笔橡皮法简单应用

画笔橡皮法的总体思路也是从总体到局部，最后再到细节。它的操作方式在于不断地创建新的图层，加上亮部或者暗部，通过大量的图层不断叠加修饰明暗关系，以实现最终的效果。

1. 准备工作

虽然画笔橡皮法表现产品光影的思路基本和人的绘画习惯一样，但是在面对形态不规整的物件时，通过鼠标直接绘制无法实现精确的控制。因此，需要借助 Photoshop 中的"钢笔工具"，在绘制之前勾画好形状和局部细节。

比如要绘制一个吹风机，就需要先用钢笔工具把吹风机的轮廓线、高光区域、暗部区域先绘制调整完成（路径工具的使用方法参见本书的 6.1 节），如图 7-27 所示。

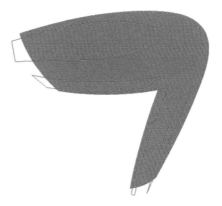

图 7-27　钢笔勾勒轮廓线

2. 绘制总体的明暗变化

吹风机造型类似于一个弯折的管，如果假设光源从左上方照入，该形态上部靠左和下部靠右的地方为受光面，弯管内侧为背光面。

具体的做法：调出画笔工具，设置透明度为 50%，硬度为 100%，新建图层，在吹风机头的下部以及手柄部分涂抹黑色，然后用橡皮擦（透明度为 100%，硬度 0）擦拭手柄和头部的交界，形成暗色调。

再新建图层，切换画笔为白色绘制出亮部，再用橡皮擦拭使明暗之间的过渡均匀。

再新建图层，切换画笔为黑色，在亮部边缘涂抹，再用橡皮擦拭，以表现圆柱体的转折，绘制过程及结果如图 7-28 所示。

图 7-28　总体的明暗变化

3. 进一步表现明暗细节

在总体明暗关系确定后，为了表现更细腻的光影感，还要绘制暗部的反射和亮部的高光。反光的区域要求比较精确，此时需要调用之前画好的路径。

具体的做法： 新建图层，通过路径建立暗部反射的选区，该选区内涂抹黑色，然后用硬度为 0、透明度为 50% 的橡皮擦拭边缘，但是不要完全擦干净，形成衰减的效果，形成暗部的反光。

用同样的方式，将高光部分的路径转为选区，涂抹白色，用同样的橡皮擦拭，形成高光反射，操作完成后效果如图 7-29 所示。

画笔橡皮法的优点就在于通过不断新建图层，可以一直逐层叠加明暗效果，直到得到满意的明暗关系，因此比较适合表达一些造型比较复杂，光影变化比较丰富的产品，如汽车造型。因为

图 7-29　明暗细节表现

图层的独立性，所以使用画笔橡皮法可以保证后期处理的可编辑性，因此也拥有较高的自由度。该方法的缺点在于，图层叠加过多时，图层管理较为繁琐。

加深减淡法、图层样式法和画笔橡皮法各有优劣，在使用时也不是相互割裂的，而是应根据需要灵活运用。

7.4　单元练习

7.4.1　机电产品设计练习

本练习属于产品表现的综合练习，基于一张机床结构图，完成一款机床的外观设计，练习说明见下表：

知识	了解产品正交视图表现的规范和要点
技术	掌握 Photoshop 中，通过"加深工具""减淡工具"以及图层样式表现产品效果图
能力	具备机电产品正交视图的表现能力

机电产品草图如图 7-30 所示。

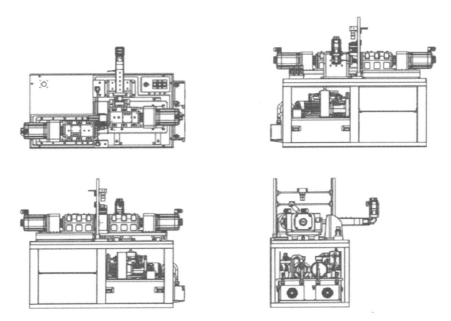

图 7-30　机电产品草图

机电产品效果图如图 7-31 所示。

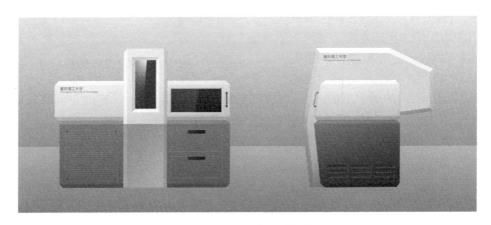

图 7-31　机电产品效果图

7.4.2　手钻练习

本练习属于产品表现的综合练习，基于一张产品设计草图，完成手钻效果图的表现，练习说明见下表：

知识	了解设计草图到方案效果的表现流程
技术	掌握在 Photoshop 中，通过画笔橡皮法进行复杂光影表现的技巧
能力	初步具备从草图到正交视角效果图的转化能力

手钻草图如图 7-32 所示。

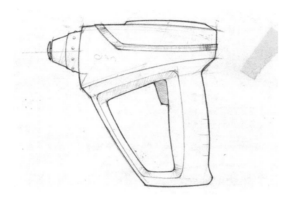

图 7-32　手钻草图

手钻效果图如图 7-33 所示。

图 7-33　手钻效果图

7.4.3　概念车练习

本练习属于产品表现的高阶综合练习，基于一张产品设计草图，完成汽车前侧效果图的表现，练习说明见下表：

知识	了解交通工具前侧效果图的规范和要点
技术	掌握在 Photoshop 中，通过画笔橡皮法进行复杂光影表现的技巧
能力	具备从草图到透视视角效果图的转化能力

概念车草图如图 7-34 所示。

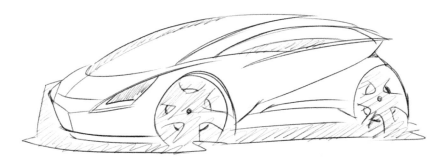

图 7-34　概念车草图

概念车效果图如图 7-35 所示。

图 7-35　概念车效果图

第 8 单元

Illustrator 基础

Illustrator 是 Adobe 家族中的一员，属于矢量绘图软件，通常被称作 AI（Adobe Illustrator）。读者在矢量图和位图的单元中已经学习过，矢量图是通过数学的方法来描述曲线和图形。相较于位图，矢量图具有精度高、可随意缩放且占用存储空间小的优点。

8.1 Illustrator 简介

Illustrator 被广泛地应用于海报、标志、书籍装帧、包装、广告、卡片设计以及字体设计等领域。近年来，随着电子商务、智能手机、移动设备和智能设备的迅速发展，Illustrator 也被用于网站界面和产品交互界面的设计。从高速公路上的广告牌到手机上的 App 界面，都有 Illustrator 产出的作品。

8.1.1 Illustrator 发展历程

该软件的诞生可以追溯到 1983 年，它原本只是 Adobe 的创始人约翰·沃塔克为公司内部设计师制作的字体开发工具，直到 1987 年才对外发布了 1.1 的版本。当时 Illustrator 凭借贝塞尔曲线的使用，让操作简单、功能强大的向量绘图成为可能。在三十多年的发展历程中，Illustrator 一直致力于让设计师能够自由创作出精确、美观且易于调整的数字作品。时至今日，Illustrator 依然是目前世界上最优秀的矢量绘图软件之一。

本书所使用的软件版本为"Adobe Illustrator CC 2019"。CC 是 Creative Cloud（创意云）的缩写。Adobe 公司在 2013 年给软件增加了很多云端功能，版本号因此得名，软件的启动界面如图 8-1 所示。

1987年至2019年的Adobe Illustrator启动界面

1987年　Illustrator 1.1

2019年　Illustrator 2019

图 8-1　早期和现代 Illustrator 的启动界面对比

8.1.2 Illustrator 操作界面

打开软件后首先进入"主屏幕"界面，如图 8-2 所示，可以通过单击左侧的"新建"按钮，或者屏幕右下角的"自定义大小"按钮来新建文件。在"新建"按钮的下方还有一个"打开"按钮，可以用它来打开图片素材或之前保存的设计图稿。

图 8-2　Illustrator 的主屏幕界面

新建文件时会弹出"新建文档"窗口，如图 8-3 所示，Illustrator 为不同的展示媒介提供了丰富的预设模板，可以通过单击此窗口上方的"移动设备""Web""打印"等选项卡来浏览和挑选，或者在右侧"预设详细信息"窗口中自由设定尺寸规格。

图 8-3　新建文档窗口

此外，用户也可以直接在主屏幕界面右下方的常用模板中选择一个项目来快速新建文件，如图 8-4 所示。

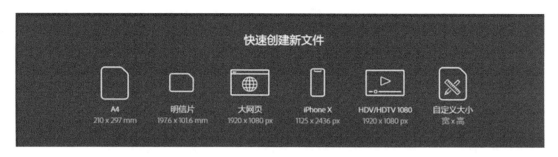

图 8-4　快速新建文件

新建文件后便进入"工作界面"，如图 8-5 所示，Illustrator 的工作界面有多种布局方式，2019 版的 Illustrator 在初始状态下显示"简化工作区布局"。单击菜单右上方的"基本功能"按钮，在弹出的下拉菜单中，可以根据具体设计任务的不同来更换合适的布局方式。熟练使用软件后，还可以根据自己的使用习惯自定义布局。

Illustrator 软件的默认布局干净清爽，但隐藏了很多高级命令；为了便于学习，可以先把布局方式切换为"传统布局"。在"传统布局"下，工具种类更加丰富，排布也和 Photoshop 的界面更加相似，可以方便读者对照学习，本单元后续内容也将以传统布局为基础展开。

Illustrator 的工作界面主要包括如图 8-5 所示的几个部分，分别是"工作区""菜单栏""控制栏""工具栏""窗口图标栏"和"属性栏"。其中只有菜单栏是固定面板，其他栏都可以通过拖拽转化为浮动面板，自由调整位置。

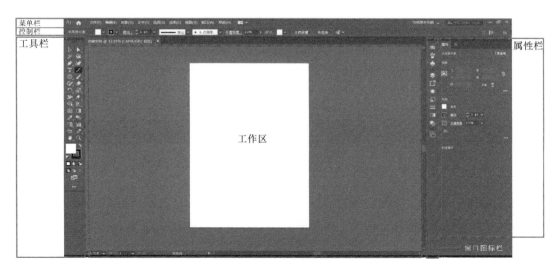

图 8-5　Illustrator 的工作界面

（1）**工作区**　中间最大的区域就是绘图的空间。如果觉得它的尺寸还不够大，可以通过"Tab"键暂时隐藏工具栏，或者按"F"键，切换显示"正常菜单模式""带有菜单栏的全屏模式"以及"全屏模式"。

在工作区左上方的小标签上，可以看到文
件的一些信息，如图 8-6 所示，文件信息包括
文件名称、显示比例和色彩模式。在矢量绘图
软件中，默认的色彩模式是 CMYK。

示例文档 @ 43.91% (CMYK/GPU 预览)   ✕

图 8-6　文件信息

同时打开多个文件时，可以通过顶部菜单栏最右边的"排列文档"选项，如图 8-7 所
示，把文档显示切换为网格拼贴、垂直拼贴、双联或三联等模式。每种图标的形状是它所对
应的排列方式。

图 8-7　排列文档

（2）菜单栏　包括"文件""编辑""对象""文字""选择""效果""视图""窗口"
和"帮助"，如图 8-8 所示。

图 8-8　菜单栏

菜单包含的功能非常多，读者可以对照 Photoshop 来理解和学习。

（3）控制栏　用于设定工具的属性，其内容会随着工具的切换而变化，控制栏如图 8-9
所示。

图 8-9　控制栏

（4）工具栏　单击左上角按钮，可以切换单/双列显示。当鼠标停留在工具上时，会弹
出工具的名称和快捷键信息。有些工具旁边有个小三角，意味着这是个工具组，鼠标单击小
三角（或者左键长按工具）可以把命令组展开。展开后可以看到旁边有个箭头，单击箭头
可以把工具组命令变成一个悬浮窗口（工具箱的详细信息将在 8.1.3 介绍）。

（5）窗口图标栏　窗口图标栏汇集了一些常用窗口，如图 8-10 所示。单击窗口图标栏
上部的"双箭头"可以实现窗口图标的全部展开和关闭。单击窗口图标可以将单个窗口展
开或关闭。按住窗口图标并向外拖动，可以将其拖拽出来形成浮动窗口。

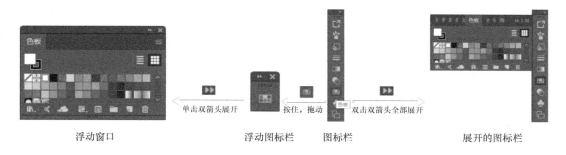

浮动窗口　　　　　　　　浮动图标栏　图标栏　　　　展开的图标栏

图 8-10　窗口图标栏

对于拖拽出来的窗口，可以通过单击上面的双箭头（或双击浮动窗口顶部），实现窗口的展开和关闭。不需要时，可以把浮动窗口关闭或拖拽到别处。如果想让它变回一个小图标，那就拖拽回窗口图标栏；如果想让它变成独立的固定分栏，那就拖拽到其他可吸附边缘。

如果不小心关闭了一个窗口，可以在菜单栏的"窗口"选项中重新把它调用出来。

（6）属性栏（图 8-11）　未选取对象时，属性栏中显示文档和窗口显示的一些设置。选取对象时，则会基于所选取的对象显示相关信息和设置。对于不同的工具，属性栏的最下方都是当前工具的一些快捷操作或设置。

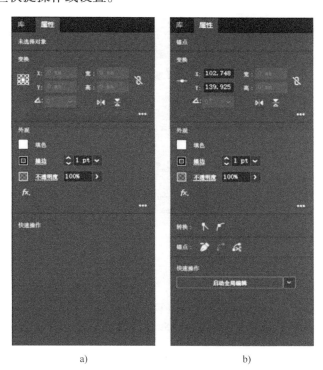

a)　　　　　　　　　　　　b)

图 8-11　属性栏

a）未选取对象时　b）使用钢笔工具时

8.1.3　Illustrator 工具栏

如果把工作区看作战场，工具箱就是兵器库。图形的绘制、选择、编辑和上色都需要用到工具箱的工具。从功能上区分，可以把工具箱划分为图 8-12 所示的几个部分。将鼠标悬停在工具图标上可以看到它的工具名称和快捷键。对于右下角有小三角的工具，左键点住图标不放可以展开其对应的工具组。

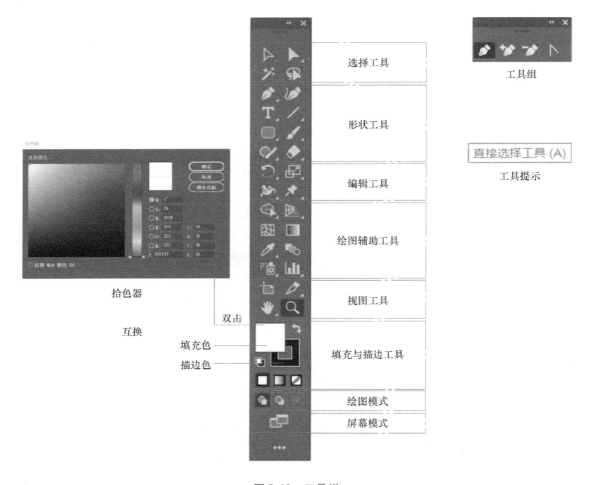

图 8-12　工具栏

填充与描边工具部分的两个色块分别是内部填充色和描边边框颜色，双击色块调出拾色器来配置色块颜色，单击右上角小标可以互换两色块颜色，单击左下角小标可以重置为默认颜色。请注意：该处的设置会应用于所有新绘制的图形。

8.1.4　Illustrator 首选项设置

在开始学习具体的工具之前，可以先通过"首选项"对软件进行一些设置，让 Illustrator 更符合使用者的使用习惯，首选项如图 8-13 所示。

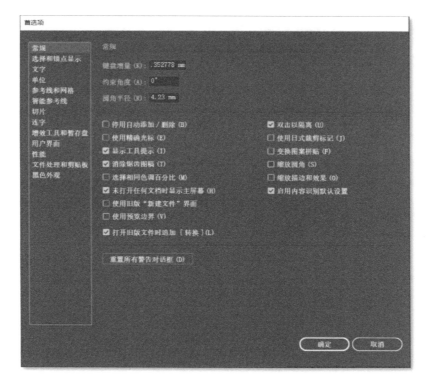

图 8-13 首选项

可以在"菜单栏"—"编辑"下拉窗口中找到"首选项",也可以直接单击"控制栏"右侧的 首选项 按钮。

进行首选项设置时,以下这些项目可以考虑调整:

(1) **增效工具和暂存盘** 设置"暂存空间"的位置。Illustrator 在使用过程中会产生很多临时文件。一般将主要暂存盘设置在非系统分区。

(2) **用户界面** 设置软件的界面亮度和 UI 大小。

(3) **性能** 设置"还原计数"。也就是通过"Ctrl + Z"所能恢复的步骤数上限。

(4) **文件处理和剪贴板** 设置自动保存的频率和存储目录。

8.1.5 Illustrator 常用快捷键

快捷键的使用能够提高操作效率,下面提供 Illustrator 常用快捷键,以供查阅。

(1) **工具箱快捷键** 工具箱快捷键及功能见表 8-1。

表 8-1 工具箱快捷键及功能

快 捷 键	功 能
V	移动工具
A	直接选取工具、组选取工具
P	钢笔、添加锚点、删除锚点、改变路径角度

（续）

快 捷 键	功 能
T	文字、区域文字、路径文字、竖向文字、竖向区域文字、竖向路径文字
L	椭圆、多边形、星形、螺旋形
↑	增加边数、倒角半径及螺旋圈数（在［L］、［M］选中状态下绘图）
↓	减少边数、倒角半径及螺旋圈数（在［L］、［M］选中状态下绘图）
M	矩形、圆角矩形工具
B	画笔工具
N	铅笔、圆滑、抹除工具
R	旋转、转动工具
S	缩放、拉伸工具
O	镜像、倾斜工具
E	自由变形工具
W	混合、自动勾边工具
J	图表工具（七种图表）
U	渐变网点工具
G	渐变填色工具
I	颜色取样器
K	油漆桶工具
C	剪刀、餐刀工具
H	视图平移、界面、尺寸工具
Z	放大镜工具
D	默认前景色和背景色
X	切换填充和描边
F	标准屏幕模式、带有菜单栏的全屏模式、全屏模式
《	切换为颜色填充
》	切换为渐变填充
/	切换为无填充
空格	临时使用抓手工具
回车	精确进行镜像、旋转等操作，选择相应的工具后按此快捷键
Alt + 左键	复制物体，在［R］、［O］、［V］等状态下按此快捷键拖动

（2）文件操作　文件操作快捷键及功能见表8-2。

表 8-2　文件操作快捷键及功能

快　捷　键	功　　能
Ctrl + N	新建图形文件
Ctrl + O	打开已有的图像
Ctrl + W	关闭当前图像
Ctrl + S	保存当前图像
Ctrl + Shift + S	另存为…
Ctrl + Alt + S	存储副本
Ctrl + Shift + P	页面设置
Ctrl + Alt + P	文档设置
Ctrl + K	打开"预置"对话框
F12	恢复到上次存盘之前的状态

（3）编辑操作　编辑操作快捷键及功能见表 8-3。

表 8-3　编辑操作快捷键及功能

快　捷　键	功　　能
Ctrl + Z	还原前面的操作（步数可在预置中）
Ctrl + Shift + Z	重复操作
Ctrl + X 或 F2	将选取的内容剪切放到剪贴板
Ctrl + C	将选取的内容复制放到剪贴板
Ctrl + V 或 F4	将剪贴板的内容粘到当前图形中
Ctrl + B	将剪贴板的内容粘到最后面
Ctrl + F	将剪贴板的内容粘到最前面
DEL	删除所选对象
Ctrl + A	选取全部对象
Ctrl + Shift + A	取消选择
Ctrl + D	再次转换
Ctrl + G	群组所选物体
Ctrl + Shift + G	取消所选物体的群组
Ctrl + 2	锁定所选的物体
Ctrl + Alt + Shift + 2	锁定没有选择的物体
Ctrl + Alt + 2	全部解除锁定
Ctrl + 3	隐藏所选物体
Ctrl + Alt + Shift + 3	隐藏没有选择的物体

（续）

快 捷 键	功 能
Ctrl + Alt + 3	显示所有已隐藏的物体
Ctrl + J	连接断开的路径
Ctrl + Alt + J	对齐路径点
Ctrl + Alt + B	调和两个物体
Ctrl + Alt + Shift + B	取消调合
Ctrl + 7	新建一个图像遮罩
Ctrl + Alt + 7	取消图像遮罩
Ctrl + 8	联合路径
Ctrl + Alt + 8	取消联合
Ctrl + E	再次应用最后一次使用的滤镜
Ctrl + Alt + E	应用最后使用的滤镜并调节参数

（4）视图操作 视图操作快捷键及功能见表8-4。

表 8-4 视图操作快捷键及功能

快 捷 键	功 能
Ctrl + Y	将图像显示为边框模式（切换）
Ctrl + Shift + Y	对所选对象生成预览（在边框模式中）
Ctrl + " + "	放大视图
Ctrl + " – "	缩小视图
Ctrl + 0	放大到界面大小
Ctrl + 1	实际像素显示
Ctrl + H	显示/隐藏路径的控制点
Ctrl + Shift + W	隐藏模板
Ctrl + R	显示/隐藏标尺
Ctrl + ;	显示/隐藏参考线
Ctrl + Alt + ;	锁定/解锁参考线
Ctrl + 5	将所选对象变成参考线
Ctrl + Alt + 5	将变成参考线的物体还原
Ctrl + Shift + ;	贴紧参考线
Ctrl + "	显示/隐藏网格
TAB	显示/隐藏所有命令面板

以上内容各位读者可以结合自己使用命令的频率有选择地学习掌握。

如果对预设的快捷键不满意，也可以通过菜单栏中的"编辑"—"键盘快捷键"打开快捷键设置窗口，自由设置键位。

8.2　Illustrator 的图形绘制

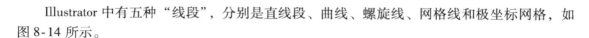

Illustrator 中基本的图形绘制包括线段、几何图形和自由图形三大类。

8.2.1　线段的绘制

Illustrator 中有五种"线段"，分别是直线段、曲线、螺旋线、网格线和极坐标网格，如图 8-14 所示。

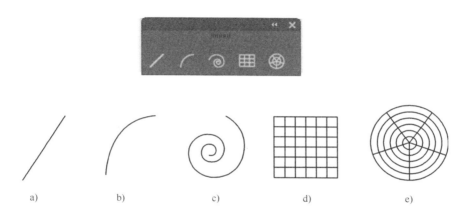

图 8-14　线段的绘制

a）直线段　b）曲线　c）螺旋线　d）网格线　e）极坐标网络

现在以直线段为例，来了解在 Illustrator 中绘制图形的两种基本方式。

1）点选工具后，用鼠标左键在工作区单击，此时会弹出一个图 8-15 所示的窗口，可以在这个窗口设置线段的长度和角度，并单击确定，符合要求的线段随即生成。

2）点选工具后，用鼠标左键在工作区单击后不松开。此时会出现一条线段，它的起点固定在左键按下的位置，终点随着鼠标的移动而变化。拖动鼠标，直到线段终点到达想要的位置，松开鼠标左键，符合要求的线段随即生成。

图 8-15　直线段工具选项

在鼠标拖动的过程中：

如果按住"Shift"键，可以把线段角度锁定在 45°的整数倍。

如果按住"Alt"键，可以把鼠标按下的位置从"线段起点"切换为"线段中点"。

如果按住"～"键，会生成大量轨迹，就好像运动留下的"残影"。

同时按住以上三个键，效果相互叠加。三种键位组合效果如图 8-16 所示。

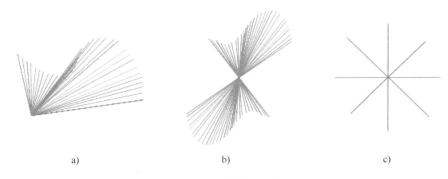

a)   b)   c)

图 8-16　三种键位组合效果

a)"～"键　b)"Alt + ～"键　c)"Shift + Alt + ～"键

回顾直线段生成的两种方式，可以总结出 Illustrator 基本图形绘制的两种操作方式具有这样的特点：

1）左键单击调出对话框，进行参数的设置绘制图形——理性、精确，但不是很直观。

2）左键按下不松开，通过鼠标和键盘配合绘制图形——感性、自由，但是不够精确。

快捷键的使用在这种方式中特别重要，能够很大程度上保证精确度或形成特殊效果。如：

通过"Shift"键，可绘制比较规则的圆形、正方形或者以水平线、垂直线为基准的形状。

通过"Alt"键可保证是以鼠标起点为中心的绘制。

通过"～"键可以生成一些系列轨迹。

这两种操作方法适用于线段工具，也同样适用于任何基本几何工具。螺旋线、网格线和极坐标网格工具参数也比较容易理解，但是需要注意的是，它们不像直线段和曲线那么简单，初次使用时需要先调出对话框，设置合适的参数。

8.2.2　几何图形的绘制

Illustrator 中有五种"几何图形"，从工具面板左边到右边分别是"矩形""椭圆""多边形""星形"和"光晕"，如图 8-17 所示。

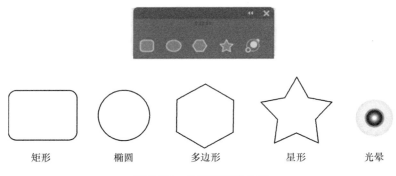

矩形　　　　椭圆　　　　多边形　　　　星形　　　　光晕

图 8-17　几何图形的绘制

基本几何图形工具会直接生成一个多线段构成的完整封闭的形状，并且能保留几何形状的一些特性，可以进行后续的设置和修改。可以通过画圆和多边形两个实例来进行说明。

1. 画圆

先用"椭圆工具"结合"Shift"键绘制一个正圆。

在控制栏中，单击"形状"。可以在弹出的窗口中重新设置圆的大小，还可以将其设置为指定角度的饼形，如图 8-18 所示。

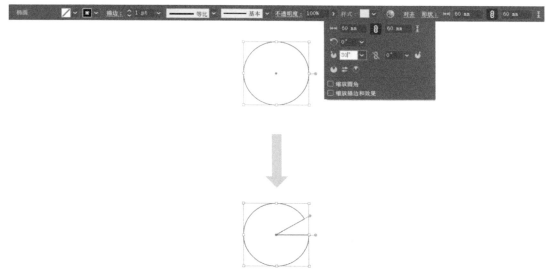

图 8-18　画圆及饼形

在控制栏中，选择色板。可以调整圆的颜色，如图 8-19 所示。

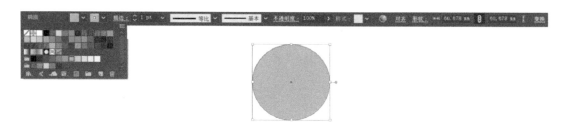

图 8-19　调整圆的颜色

这里补充一点"色板"的知识：色板和拾色器都可以给图形施色，区别是色板只能从已有的"资源"里选取——"资源"包括颜色、渐变和图案等类型。在色板面板中，可以通过右上角色板库导入更全面而强大的资源，也可以把设计好的图形拖到色板转为图案资源，用于填充。

2. 画多边形

先用多边形工具绘制一个正六边形。

绘制完一个多边形后，在控制栏中通过多边形边数计数来重新设置多边形边数，绘制出的多边形如图 8-20 所示。

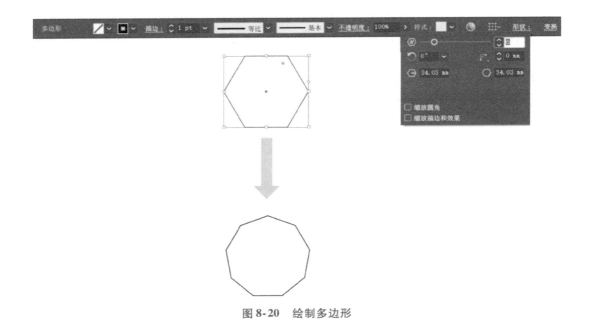

图 8-20　绘制多边形

对于多边形（或任意不平滑转折），还可以快速进行圆角处理。现在就以图 8-20 中新生成的九边形为例做演示。

先将工具栏切换到"直接选择工具"选项，然后框选整个图形，此时会看到每个顶点内侧都有一个圆点。当将其中一个圆点向内拖动时，会发现所有尖角都在变成圆角。拖动的距离越大，圆角也就越大，当把所有节点拖到中心时，多边形会变成圆形。

如果只用选择工具点选图形上的单个节点，那么就只会出现一个圆点，也就是只能控制一个端点，框选所有节点或点选单个节点后的图形如图 8-21 所示。

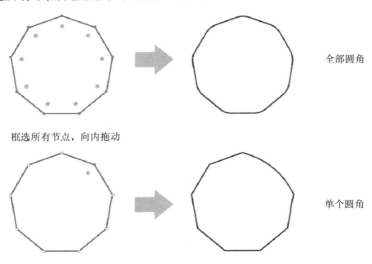

图 8-21　圆角处理

在右侧"属性栏"的"边角类型"一栏中，还可以把"圆角"切换为"直线倒角"或反向圆角，工具栏面板如图 8-22 所示。

斜角

反向圆角

圆角

图 8-22　边角类型

以上两个例子涉及的椭圆、多边形属于常见几何体。而光晕的参数就比较复杂，这里简单介绍一下各项参数的含义，请读者结合实际操作理解和学习，光晕工具选项如图 8-23 所示。

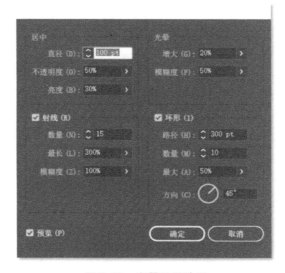

图 8-23　光晕工具选项

1）直径：光圈的大小。

2）不透明度：调整中心控制点的透明度。

3）亮度：调整中心控制点的亮度。

4）增大：调整光晕环绕中心控制点的放射程度。

5）模糊度：调整光晕的模糊程度，其数值越大越模糊。

6）射线：点选后显示光线效果。

7）环形：点选后显示光环效果。

光晕的制作同样有两种方式：设定数值精确生成，或者鼠标自由绘制。

如果是通过鼠标绘制，鼠标需要单击两次。第一次鼠标单击确定光环中心的位置和大小，过程中可以通过键盘的上下键调整射线数量，通过"Shift"键约束角度，通过空格键调整光环中心的位置。第二次鼠标单击确定光晕的角度和长度，过程中可以通过键盘上的上下箭头增加或减少光圈数量，通过"Ctrl"键控制尾端光圈的大小，通过空格键调整光晕整体的位置。

8.2.3 自由图形的绘制

Illustrator 中绘制自由图形的工具有"钢笔工具""曲率工具""画笔工具"和"铅笔工具"。"钢笔工具"又包含了"添加锚点工具""删除锚点工具"以及"锚点工具"，自由图形工具栏如图 8-24 所示。

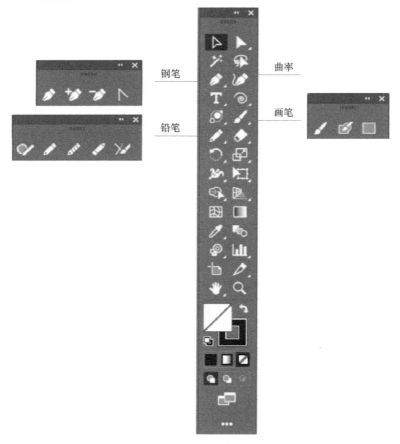

图 8-24　自由图形工具栏

Illustrator 的"曲率工具"对应 Photoshop 中的"弯度钢笔工具"。Illustrator 的"钢笔工具"和 Photoshop 中的同名工具十分类似，读者可以对照理解。

只不过在 Illustrator 中钢笔工具的编辑更加方便一些。如用"直接选择工具"选择点的时候，可以直接在属性栏中将点在尖角和平滑之间转换，并且可以通过属性栏快速进行点的对齐和分布，钢笔工具的属性栏编辑如图 8-25 所示。

图 8-25　钢笔工具的属性栏编辑

需要特别说明的是，Illustrator 中的"画笔"和"铅笔"工具是采用矢量的方式生成线条，因此和 Photoshop 里的同名工具完全不一样，反而与 Photoshop 里的自由钢笔工具接近。在绘制完后可以通过锚点进行调整和修改。

8.3　Illustrator 的对象编辑

对于单个对象，需要调整它的大小、形状、颜色、方向和效果等属性；对于多个对象，需要调整它们的前后关系和位置关系等属性。

8.3.1 图形的选取和调整

Illustrator 中选取对象的工具有两个，如图 8-26 所示。

图 8-26 选取工具

一个是左上角的黑色箭头——"选择工具"，快捷键是 V。它的主要作用是选择整个形状进行编辑。在选取对象后，会在图形四周生成控制点。通过这些控制点，可以对图形进行移动、缩放和旋转。在缩放时，按住 "Shift" 键可以等比例缩放。

另一个是右上角的白色箭头——"直接选择工具"，快捷键是 A，它的主要作用是选择点。可以移动点的位置，也可以调节点的曲柄或对点进行倒角操作。

这两个命令都可以一次选择多个目标。可以通过 "Shift" 键结合鼠标左键加选，而当再次单击的时候会减选。

8.3.2 图形的填充和描边

图形"填充色"和"描边色"的设置可以通过工具栏中底部的"填充与描边工具"实现。"填充色"和"描边色"都可以设置为纯色、渐变色或无填充色，"描边色"还可以设置线型。通过以下实例来介绍这些功能。

1. 为矩形施加纯色

首先绘制一个矩形。它默认是白色的填充色、黑色的描边色，如图 8-27 所示。

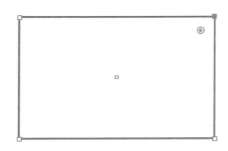

图 8-27 绘制矩形区域

选中这个矩形，双击"填充色色块"打开拾色器，选择红色，单击"确定"，如图 8-28 所示；矩形的填充色成功变为红色，并且当前的设置会应用到新绘制的每个图形。

2. 为矩形施加渐变色

同样先选中矩形，然后单击工具栏下方的"渐变"按钮，如图 8-29 所示。

图 8-28　拾取颜色

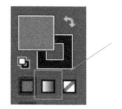

图 8-29　施加渐变色

　　图形内的填充色成功切换为渐变，并且弹出渐变窗口，如图 8-30 所示。

　　在"渐变"窗口的"类型"一栏可以看到，Illustrator 中的渐变有三种形式。前两种属于线性渐变，和 Photoshop 的渐变方式相似。在渐变窗口中可以编辑线性渐变，如图 8-31 所示。

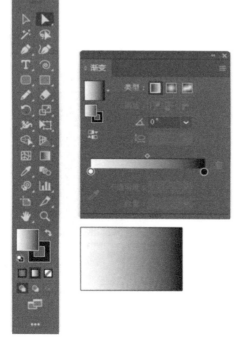

图 8-30　添加渐变

图 8-31　线性渐变的编辑

179

添加滑块：左键移动到渐变色条下方，当鼠标右下角出现"＋"号时，单击。

删除滑块：左键按住滑块，向下拖拽。

改变滑块颜色：单击滑块，然后通过窗口内的"前景色"或"吸管"设置颜色。

改变滑块位置：按住滑块，左右拖拽。

改变渐变角度：修改窗口内的角度数值。

除了通过这个窗口来设置渐变色外，还有一种更加直观的方式也可以为图形设置渐变色。

选中图形后，单击"属性栏"或者"渐变"窗口中的"编辑渐变"，在图形上会显示一条控制杆，如图 8-32 所示。

让鼠标在控制杆周围运动，并留意鼠标的状态。不同的状态对应不同的设置内容。

黑色实心箭头 ▷：可以移动整个渐变。

手形 ✋：可以调节某一个滑块。

白色箭头带加号 ⚲：可以添加一个滑块。

虚线带箭头的圆 ↻：能够旋转。

黑色十字 ⊡：调整渐变的角度和位置。

除了两种线性渐变，Illustrator 还可以设置"任意形式渐变"。这种方式比较特别，可以通过添加点或者线，在图形中形成区域性渐变，因此具有很大的自由度和扩展性，任意形式渐变如图 8-33 所示。

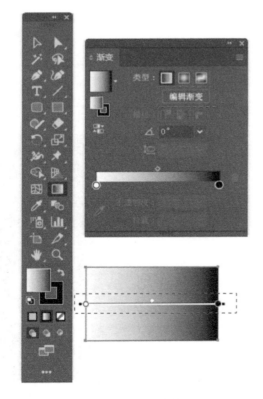

图 8-32　改变渐变角度

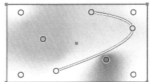

图 8-33　任意形式渐变

3. 为矩形设置描边线型

描边线型包括"线宽"和"线宽变化节奏"。选中对象后，在控制栏就能看到相关的设置，如图 8-34 所示。

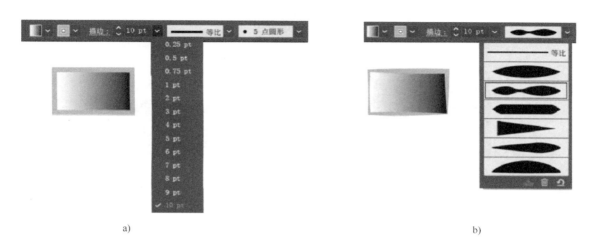

a)　　　　　　　　　　　　　　　　　　　　　　　b)

图 8-34　设置描边

a）线宽设置　b）线宽变化节奏设置

线宽主要通过 pt 数值来确定，$1pt = 0.376mm$。此处设定的值是一个恒定值，与图形大小无关，因此不会随着图形的缩放而变化。Illustrator 预设了七种变化节奏，也可以通过设置艺术画笔的形式，产生很多有趣的创意。

8.3.3　对象的编辑和变换

除了用使用工具栏中的"选择工具"和"直接选择工具"进行整体缩放、位移、旋转和点的修改。还有另外两种途径也可以编辑对象：工具栏、属性控制栏和属性栏。

1. 工具栏

工具箱里有五种用于调整图形的工具，分别是旋转工具、镜像工具、比例缩放工具、倾斜工具和整形工具，如图 8-35 所示。

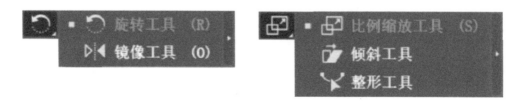

图 8-35　调整图形

2. 属性控制栏和属性栏

控制栏中有"图形样式"的设置，如图 8-36 所示，效果类似于 Photoshop 中的图层样式。

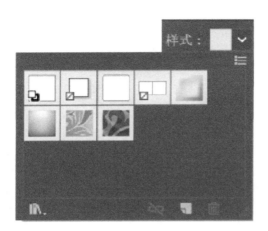

图 8-36　图形样式

　　属性栏中有"选取效果"的设置，如图 8-37 所示，其中有来自 Illustrator 的效果也有来自 Photoshop 的效果。

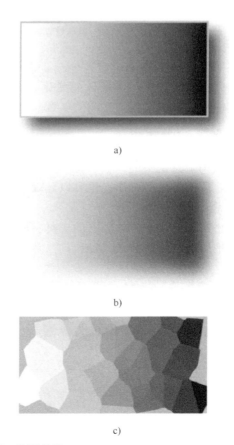

图 8-37　选取效果

a）投影　b）高斯模糊　c）晶格化

值得注意的是，在 Illustrator 中，图形不需要是完整封闭的就可以填充颜色、设置渐变，并且可以应用各种图层样式。

8.3.4　对象的组织和管理

1. 前后关系

和 Photoshop 一样，Illustrator 也有图层面板。Illustrator 可以在同一个图层中绘制多个形状，并且彼此之间存在前后关系，如图 8-38 所示。

图 8-38　图形的前后关系

对于位图而言，图层上的一个像素不能再分割。但对于矢量图形而言，不同形状之间存在前后关系。可以通过菜单栏的"对象"—"排列"或者右键菜单中的"排列"来调整图形的前后关系。使对象位于"置于顶层""置于底层""前进一层"或者"后退一层"。这里所说的"层"并不是指图层，仅仅是指前后关系。

前后遮挡关系还和修剪运算相关。在 Illustrator 中，负责形状之间相互运算的工具是路径查找器，如图 8-39 所示。

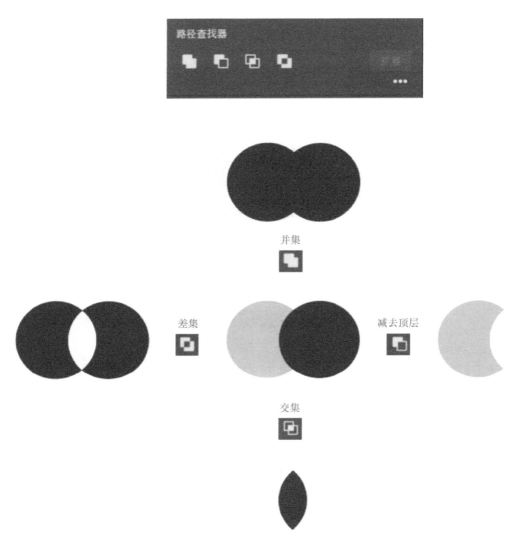

图 8-39　路径查找器

　　路径查找器本身有六种运算模式，图标的形状很清楚地说明了它们的运算方式，分割完毕后，需要解除群组才能分别编辑各个部分。

　　2. 内外关系

　　除了前后关系之外，矢量图形之间还存在内外关系。在工具箱下面可以看到"正常模式""背面模式"和"内部模式"的选项如图 8-40 所示。

　　背面模式：绘制的图形永远在当前图层的最底层。

　　内部模式：在"指定对象"的内部绘制形状。

　　进入内部模式以后，绘图空间就缩小到了"指定对象"的轮廓线以内。任何超出轮廓线的部分都不会显示。按下"ESC"键可以退出内部模式。

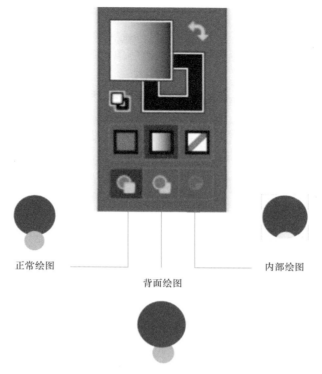

图 8-40　图形的内外关系

　　图形之间的内外关系还有一种比较特殊的方式：区域文字工具。当创建一个形状后，然后点选区域文字工具，在区域内输入之前准备好的文字，就可以看到文字完全按照形状填充在内部，如图 8-41 所示。

3. 对齐与分布

　　多个形状之间可以通过"对齐与分布"命令调整多个对象的相对位置。

　　当选中多个形状时，就能在右侧属性栏看到对齐的设置。

　　面板上的图标形状很清晰地描述了它们各自对应的排列方式，如图 8-42 所示。

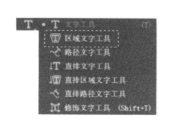

图 8-41　区域文字工具

图 8-42　对齐与分布

4. 多个对象颜色的统一

可以通过吸管工具快速统一多个对象的颜色。统一颜色有以下两种方式：

（1）取色 先选中需要更改颜色的对象，然后单击吸管工具，最后单击拥有目标颜色的对象。

（2）施色 先选中拥有目标颜色的对象，然后单击吸管工具，最后结合"Alt"键将目标颜色一一复制到不同的对象上。

Illustrator 是 Photoshop 的姐妹软件，在操作方式和设计理念上都非常接近，因此关于 Illustrator 的学习可以根据前文中 Photoshop 的内容对比学习。Illustrator 主要应用于矢量图形的绘制，其操作便捷且易于上手。

8.4　单元练习

8.4.1　Logo 绘制

本练习属于 Illustrator 的基础练习，主要通过三个 Logo 的制作，熟悉 Illustrator 中的图形绘制，练习说明见下表：

知识	认识并了解 Illustrator 的操作界面和使用方式
技术	掌握 Illustrator 中图形的绘制，包括规则形状和不规则形状；掌握 Illustrator 中图形的管理，能够进行图形的并集、差集计算，能够管理图形的填充色
能力	具备基础的 Logo 设计和表现能力

Logo 的绘制如图 8-43 所示。

图 8-43　Logo 的绘制

8.4.2　图形特效制作

本练习属于 Illustrator 的进阶练习，主要通过三个特效的制作，熟悉 Illustrator 中的复杂图形效果的表现，练习说明见下表：

知识	认识并了解 Illustrator 的操作界面和使用方式
技术	掌握 Illustrator 中"混合工具"，深刻理解图形前后之间的关系，管理图形的填充色和描边色
能力	具备通过 Illustrator 进行版式设计的基础能力

图形特效制作如图 8-44 所示。

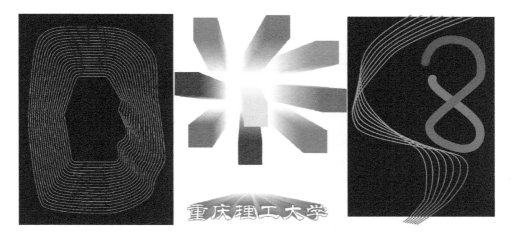

图 8-44　图形特效制作

Illustrator 辅助交互设计

9.1 UI 设计的一些基本概念

UI（User Interface）翻译成中文是"用户交互界面"，"用户界面"有广义的和狭义的两种定义。广义的用户界面指一切产品和人之间产生交互行为的界面，如使用锤子的时候，锤子的握把就是用户和产品之间的界面；而狭义的用户界面特指网页、应用程序或手机 App 等基于计算机网络的软件产品的图形界面，这种图形界面往往依附于显示屏呈现，面向这种图形化界面的设计，也就是通常意义上的 UI 设计。

9.1.1 UI 设计的特点

传统的机器设备由大量的机械零件组成，虽然其构造复杂，但是用户并不需要了解其机械原理，也不会直接推动部件来操作机器，而是通过操作装置来控制机器完成工作，机器的操作装置如图 9-1 所示。

图 9-1　机器的操作装置

用户使用软件产品也是同样的道理，一般用户并不需要了解软件的代码，而是通过图形化的智能用户界面，如图 9-2 所示，让软件实现一些功能，达到用户的使用目的。UI 界面为用户提供一种可视化的、操作方便的、容易理解的软件控制器。这个控制器相较于传统的产品具有完全不同的几个特点：

1）软件界面依附于屏幕媒介，不同于传统产品实体化的控制台。脱离实体的约束，软件界面拥有更加灵活自由的表现形式，可以虚拟的对象是无限的，并且借助软件平台可以随时迭代升级。

2）软件界面显示的信息量非常庞大，随着软件功能的日益强大，界面的操作层次往往非常复杂，所传达的媒体信息种类多样，用户交互方式多变，这对界面设计信息沟通的有效性提出了巨大的挑战。

3）软件界面是动态的，这种动态不仅包括菜单、窗口之间的转换，也包括在同一个界面中，图标、banner 等设计元素都可能是动态变化的，这也就决定了界面设计不同于以往的平面视觉传达。

4）软件界面无法像硬件一样通过物理限制用户的错误操作，因此需要强的容错功能，并提供足够的信息提示，辅助用户进行正确的操作。

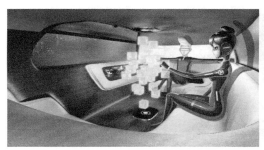

图 9-2　智能用户界面

在这个强调用户体验的时代，用户界面是用户使用各种软件产品的唯一端口，它的重要性是不言而喻的。

9.1.2　UI 设计的应用领域

随着计算机和手机——个人数字终端的大量普及，以及传统家电、家具的迅速智能化、网络化，UI 设计的应用领域是在无限延伸的。

在计算机的应用系统中，UI 设计的范畴既包括个人计算机的操作系统——微软的 Windows 操作系统、苹果的 Mac OS 操作系统、移动设备的操作系统——Google 的 android 手机操作系统、苹果的 IOS 手机操作系统，如图 9-3 所示，也包括各种具有某些特定功能的工作软件——办公软件 Office、制图软件 Photoshop 等。

图 9-3　各种操作系统

随着移动互联网时代的高速发展，人们逐渐习惯了使用各种 App 在移动端的使用方式，这代表了智能生活时代的来临。

随着各种手机 App 不断被开发、设计、优化，人们对它们的要求也逐步提高，用户不仅要求产品要满足其功能实用性的要求，更需要 UI 能提升用户的体验；在操作过程中除了能享受到软件带来的方便之余，还能体验到界面的美感和它带来的愉悦感。

没有友好美观的界面，就难以得到用户的垂青。一款成功的 App，功能强大只是基础，界面设计才是产生用户体验的直接要素，App 界面如图 9-4 所示。

图 9-4　App 界面

9.1.3　如何进行 UI 设计

UI 设计包括交互设计（图 9-5）、用户研究与界面设计三个部分。基于这三部分的 UI 设计流程是从一个产品立项开始，UI 设计师就应根据流程规范，参与需求阶段、分析设计阶段、调研验证阶段、方案改进阶段以及用户验证反馈阶段等环节，履行相应的岗位职责。UI 设计师应全面负责产品，以用户体验为中心的 UI 设计，并根据客户（市场）要求不断提升产品可用性。

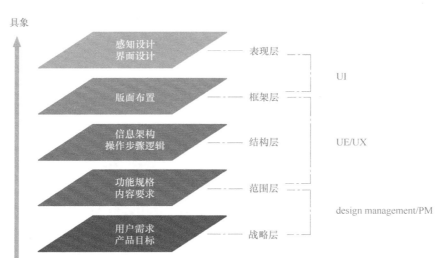

图 9-5　交互设计模型

1. 需求阶段

软件产品依然属于工业产品的范畴，在设计的时候要考虑使用者、使用环境和使用方式。在设计的第一个阶段，必须明确用户（年龄/性别/爱好/习惯/教育程度等信息）、使用环境（办公室/家庭/厂房车间/公共场所等）、使用方式（鼠标键盘/遥控器/触摸屏），因为任何一个设计的要素都会决定产品最终的定位。

如设计一个基于共享汽车的服务软件系统，如图9-6所示，就需要明确用户的身份、支付方式，停车场环境等信息，通过这个系统用户是否需要进行车辆查找、预定、租借、归还以及在线付费等操作。

图 9-6　共享汽车的服务软件系统

除此之外，在需求阶段同类竞争产品也是必须要了解的。通过同类产品的对比，可以明确使用过程中的痛点、产品价值差异以及使用人群的细分。界面设计并不是仅仅通过美观进行评价的，更重要的是要符合用户的需求。

2. 分析设计阶段

通过分析上面的需求，明确设计定位，然后才能进入方案的形成阶段——设计出几套不同风格的界面用于备选（图9-7）。

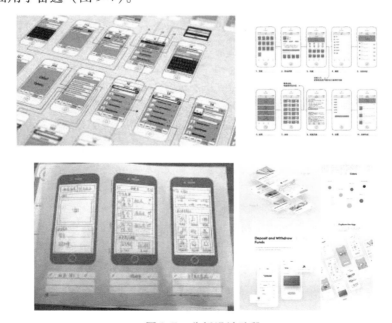

图 9-7　分析设计阶段

3. 调研验证阶段

设计师根据用户和服务提供商的功能需求整理出 App 各个功能按钮之间的交互逻辑，完成方案制作，保证备选方案在同等的设计制作水平上，不能明显看出差异。让使用者对方案进行使用测试，测试阶段开始前应该对测试的具体细节进行清楚的分析描述。

调研阶段需要从以下几个问题出发：①用户对各套方案的第一印象。②用户对各套方案的综合印象。③用户对各套方案的单独评价。④选出用户最喜欢的。⑤选出用户其次喜欢的。⑥对各方案的色彩、文字和图形等元素分别打分等。

4. 方案改进阶段

经过用户调研，明确了用户最喜欢的方案，以及方案还存在的问题。这时候全力投入对方案进行优化，将方案做到细致精美。

5. 用户验证反馈阶段

改进后的优化方案虽然已经投入市场，但是设计工作并没有结束。设计师还需要掌握大量用户的使用反馈，为以后版本的持续升级积累经验资料。

通过上面对设计过程的描述，可以发现 UI 设计并不仅仅是以美观为评价标准的，UI 设计的主要评价为以下三个方面：

1）有效性：产品功能能够顺利实现，信息传递正确有效。

2）易用性：产品界面容易识别，使用方式符合用户的认知习惯、使用习惯和操作逻辑。

3）愉悦感：设计要素符合用户的审美预期，能给用户带来符合产品定位的审美体验。

9.1.4　如何成为一名 UI 设计师

成为 UI 设计师需要掌握哪些软件工具？这里列出了一系列的软件工具，主要包括 Photoshop（PS）、Illustrator（AI）XD、After Effects（AE）、Cinema 4D（C4D）、Axure、Sketch 以及墨刀，这些软件工具在 UI 设计过程的不同阶段能起到相应的作用。

1. Adobe Photoshop（PS）

Photoshop（PS）图标如图 9-8 所示，其是本书前文主要介绍的软件工具，它是一个基础软件工具，应用非常广泛。通过 Photoshop 可以完成界面中视觉界面的整体设计，也能完成图标设计，甚至也可以设计简单的动画演示。不过，在交互设计领域，Photoshop 还不够专业，因此主要应用在前端界面的视觉效果设计上。

图 9-8　Photoshop
图标

2. Adobe Illustrator（AI）

Illustrator（AI）图标如图 9-9 所示，该软件和 Photoshop（PS）一样功能强大，在 UI 设计中，也是主要应用在前端界面设计领域，它可以设计整个界面布局，也能够完成图标等元素的设计。AI 和 PS 的主要区别是 AI 是矢量图软件，创建的是矢量图形，在方案的持续编辑、修改和优化上，矢量图比位图更加方便。

图 9-9　Illustrator
图标

3. Adobe XD（XD）

XD 图标如图 9-10 所示，其主要是 Adobe 推出的面向用户体验的设计软件，它提供了矢量图形设计和网页线框设计的功能，并有简单的用户交互模板，可以用来完成界面交互原型，也就是它可以与 Photoshop

图 9-10　XD
图标

或者 Illustrator 搭配使用，用于交互原型的设计、演示和测试，XD 的功能演示和操作界面如图 9-11 所示。

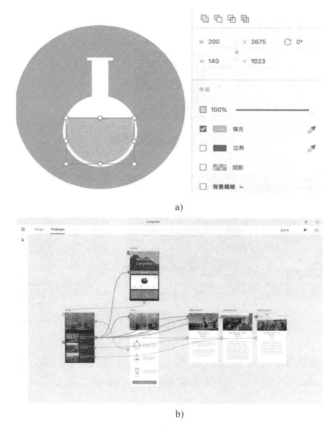

a)

b)

图 9-11　XD 的功能演示和操作界面

4. Adobe After Effects（AE）

After Effects（AE）的图标如图 9-12 所示，其是一款电影视频特效软件，在界面设计领域中可以用来制作动画、动效和一些 DEMO 的演示。

以上四款软件都是 **Adobe** 公司产品家族中的一员，它们之间的文件传输和互用性很好。

5. Cinema 4D（C4D）

Cinema 4D 的图标如图 9-13 所示，其是一款三维建模软件，在三维动画、游戏设计中运用广泛。在 UI 设计中可以制作一些三维效果的图形、图标和动画设计，它和 After Effects 之间的互通性也很好。

图 9-12　After Effects 的图标　　　　图 9-13　Cinema 4D 的图标

6. Axure

Axure 的图标如图 9-14 所示，其也是一款原型设计软件，主要是用作项目前期设计的低保真原型制作。这类原型主要是在开始界面设计之前用来梳理界面功能的线框草图，其功能演示和操作界面如图 9-15 所示。

图 9-14 Axure 的图标

图 9-15 Axure 的功能演示和操作界面

7. Sketch

Sketch 的图标如图 9-16 所示，这款软件是一款只能在苹果 Mac os 中运行的软件，和 Adobe XD 类似，也是主要用于交互原型制作。

8. 墨刀

图 9-16 Sketch 的图标

墨刀的图标和工作界面如图 9-17 所示，其是北京磨刀刻石科技有限公司旗下的一款在线原型设计与协作工具产品。借助墨刀，UI/UX 设计师能够快速构建移动应用产品原型。作为一款国产软件，墨刀十分简单好学，但功能还有待进一步完善。类似的在线原型设计平台还有 Figma（英文）和摹客（中文）。

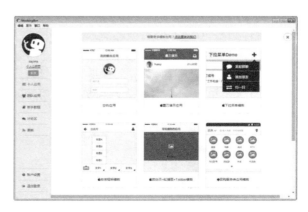

图 9-17 墨刀的图标和工作界面

　　如果想成为一名 UI 设计师，除了熟练地掌握各种软件之外，还应该增强交互设计知识的了解，懂一些人机工程学、设计心理学、用户调研和可用性测试等领域的专业知识，还需要具备比较好的视觉传达设计能力，信息传播设计能力。

9.2　交互界面设计中的规范

9.2.1　设计规范的必要性

　　与传统产品不同，UI 设计是基于屏幕界面的，产品的更新迭代速度快，并且需要不断扩展新的模块。为了保持产品的识别性和用户体验的一致性，产品在发展日趋平稳时，产品的定位和品牌形象必须保持稳定状态。随着产品扩容，参与设计的人会越来越多，设计的统一性和效率问题也变得更加重要。因此，为了保证平台设计统一性，提升团队工作效率，打磨细节体验，就需要定义和整理设计规范。

　　UI 界面的视觉设计中，设计规范是一个关键步骤（图 9-18）。知名大厂基本都有一套自己的完整的规范体系，在整理设计规范时，以大平台规范体系为参考，针对产品自身情况进行增删，整理出所需的规范内容，这样能有效地避免规范内容遗漏缺失。

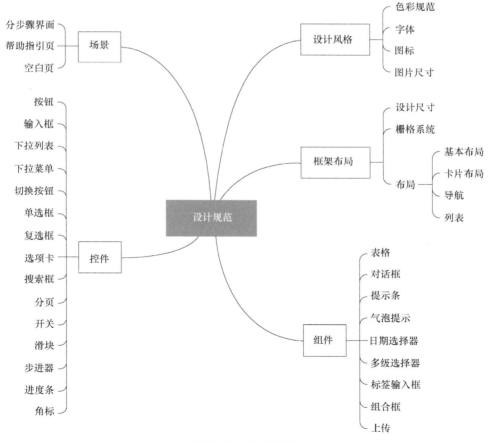

图 9-18　设计规范

9.2.2 具体的设计规范内容

1. 色彩规范

颜色是视觉体验中非常重要的元素，颜色的运用与搭配会决定设计方案的格调。在界面设计中，颜色的使用规范主要包括品牌主色、文本颜色、界面颜色（背景色、线框色）等，色彩规范如图 9-19 所示。

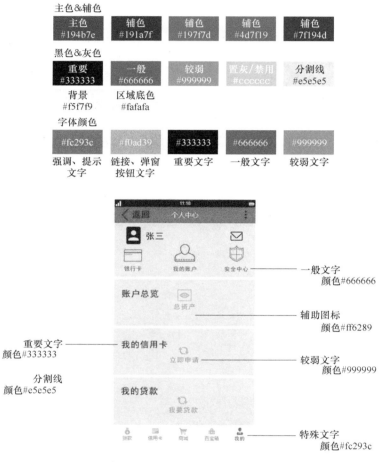

图 9-19　色彩规范

2. 字体规范

在本书第 3 单元中，详细讲解了字体设计的基本概念。界面中的字体能够决定整个界面的气质，不同场景下带给人的感受也不一样。为了保证不同界面气质的统一性，需要在设计之初就明确字体的选用，然后在设计规范中注明，字体规范示例如图 9-20 所示。

字体使用规范	界面字体 Pingfang SC		数字&金额 Arial	
字体大小	字号T1	56PX	T1	56PX
	字号T2	40PX	T2	40PX
	字号T3	36PX	T3	36PX
	字号T4	32PX	T4	32PX
	字号T5	28PX	T5	28PX
	字号T6	24PX	T6	24PX

图 9-20　字体规范示例

3. 图标规范

在界面设计中，具有标识性质的图形就是图标，如图 9-21 所示。产品的每个界面中都有可能存在图标，单击图标意味着启动一个软件或者执行某项功能。设计规范中，图标一般按照用途分为应用图标和功能图标两类。

图 9-21　各种各样的应用图标

应用图标：各种应用程序的识别标志，在应用商店里下载的一些应用程序的标志。

功能图标：表示某项功能的调用，因此需要图标能体现功能的内涵，并具有一定的说明性。图标中的字体需要使用图标专用字体，图标的尺寸也需要进行统一规范，规范中最好标明图标格式与使用方式，功能图标及使用示例如图 9-22 所示。

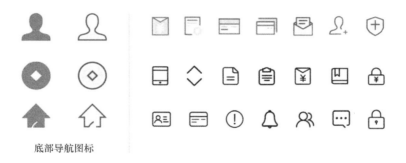

图 9-22　功能图标及使用示例

4. 图片规范

界面设计中也经常使用图片，图片也需要标明尺寸规范，并且按用途分为不同的种类。如 Banner、列表、背景图或用户头像，都必须有统一标准，图片规范如图 9-23 所示。

Banner：

首页banner的设计尺寸为750px×320px；图片格式支持JPEG / PNG

a)

保险产品列表：

保险产品列表的设计尺寸为240px×180px；图片格式支持JPEG / PNG；以后相关列表类图片可参考此设计

b)

保险详情头部图片和理财产品背景图：

详情头部图片设计尺寸为750px×320px；图片格式支持JPEG/PNG

c)

用户头像：

用户头像图片设计尺寸为80px×80px，图片格式支持JPEG/PNG

d)

图 9-23　图片规范

5. 设计尺寸和栅格系统

设计尺寸是指进行设计时，选择的画板尺寸。如 750 像素 × 1334 像素或者 375 像素 × 667 像素，每个公司所使用的设计基准都不一样。在设计时，一般使用 1 倍图为基准进行设计，基准尺寸为 375 像素 × 667 像素。

栅格系统是运用固定的格子设计版面布局，是在 UI 设计和前端开发中被广泛应用的一套体系。在设计尺寸中采用栅格系统，是因为现在的设计基本都是一稿适配多端，每个界面都需要能适合不同的机型，而栅格系统能很好地解决这个问题，栅格系统如图 9-24 所示。

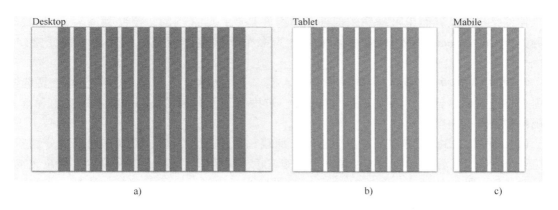

图 9-24　栅格系统

6. 界面布局

布局是界面构成的前提，是后续展开交互和视觉设计的基础。设计规范中可以提供常用的布局模板来保证同类产品间的一致性，部分布局类型展示如图 9-25 所示，设计者在选择布局之前，需要注意以下几点：

1）明确用户在此场景中完成的主要任务和需获取的决策信息。

2）明确决策信息和操作的优先级及内容特点，选择合理布局。

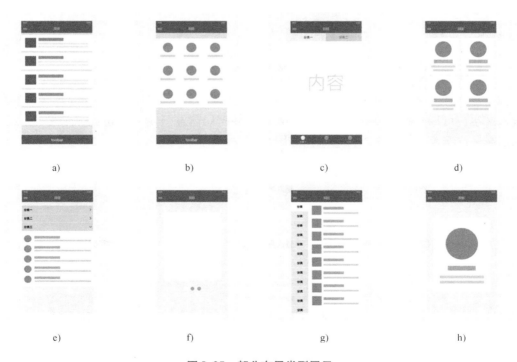

图 9-25　部分布局类型展示

a）列表式　b）九宫格式　c）选项卡式　d）陈列馆式

e）行为扩展式　f）旋转木马式　g）多面板式　h）弹出式

7. 控件规范

控件是指产品界面中可操作的部件，与组件是有一些区别的。控件翻译为 Control，组件翻译为 Component。通俗地解释就是组件为多个元素组合而成，控件为单一元素组合而成。

常用的 UI 控件（Control）有按钮、输入框、下拉列表、下拉菜单、单选框、复选框、选项卡、搜索框、分页、切换按钮、步进器、进度条以及角标等。以下列举一些在 App 设计规范中整理的内容。

（1）按钮 按钮有正常、单击、悬停、加载和禁用五个状态。需要在规范中分别罗列出这五个状态，标注上对应的按钮填充色、边框色、圆角值、按钮宽度和高度、按钮文本大小及颜色值，按钮的规范如图 9-26 所示。如果是图标按钮，除了上述参数值外，还需要标注 icon 和按钮文本之间的间距、icon 图标的大小。

状态	纯文字按钮	带底色按钮	白底线框按钮	带图标按钮
正常状态	文字按钮	按钮	按钮	⼋按钮
点击状态	文字按钮	按钮	按钮	⼋按钮
加载中状态	– –	按钮	– –	⼋按钮
禁用状态	文字按钮	按钮	按钮	⼋按钮

图 9-26 按钮的规范

（2）输入框 输入框用于单行信息录入，其文字上下居中显示，支持键盘录入和剪切板输入文本，可以对特定格式的文本进行处理，如密码隐藏显示，身份证、卡号分段显示，输入框需标注宽高。输入文本框的示例如图 9-27 所示。

图 9-27 输入文本框的示例

（3）**选择**　选择可分为单选与多选，并且也有五种不同状态，分别是未选择、已选中、未选悬停、已选失效以及未选失效项。规范中需展示出所有效果状态，选项的规范如图 9-28 所示。

单选框

单选框用户只能选择一个元素，选中后出现选中图标

多选框

多选控件让用户可以同时选择多个元素。多选控件一般出现在需要编辑的列表中，当用户选择完成以后统一对选中的元素进行编辑处理。

| ○ 未选中项 | ◉ 已选中项 | ○ 未选悬停项 | □ 未选中项 | ■ 已选中项 | □ 未选悬停项 |
| ◉ 已选失效项 | ○ 未选失效项 | | ☑ 已选失效项 | ☐ 未选失效项 | |

图 9-28　选项的规范

（4）**选项卡**　选项卡用来让用户在不同的视图中进行切换。选项卡的标签数量一般是 2～5 个，其中，标签中的文案需要精简，一般是 2～4 个字。每个标签所占的宽度可适当调整，选项卡的规范如图 9-29 所示。

标签一	标签二		
标签一	标签二	标签三	
标签一	标签二	标签三	标签四
标签一	标签二	标签三	标签四

图 9-29　选项卡的规范

（5）**滑动开关**　滑动开关有两个互斥的选项（如开/关、是/否、启动/禁止），它是用来打开或者关闭选项的控件。选择其中一个选项会立即执行操作，滑动开关的规范如图 9-30 所示。

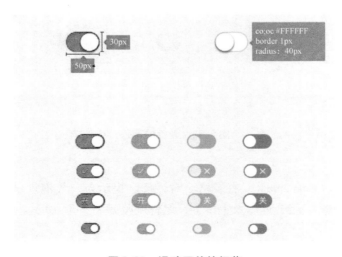

图 9-30　滑动开关的规范

（6）**进度条** 进度条用来向用户展示步骤的步数以及当前所处的进程，进度条的规范如图 9-31 所示。

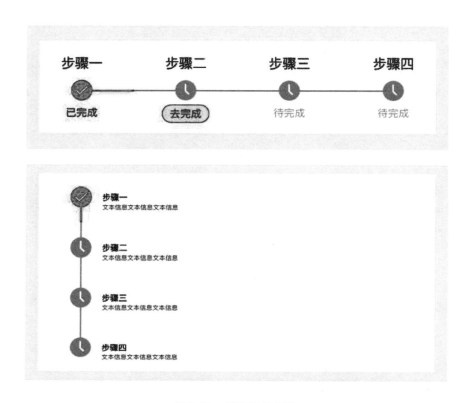

图 9-31 进度条的规范

（7）**角标** 角标用于聚合型的消息提示，一般出现在通知图标或头像的右上角，通过醒目的视觉形式吸引用户眼球，角标的规范如图 9-32 所示。

图 9-32 角标的规范

8. 组件规范

常用的 UI 组件（Component）有表格、对话框、提示条、气泡提示、日期选择器、多级选择器、标签输入框、组合框以及上传等，组件规范如图 9-33 所示。

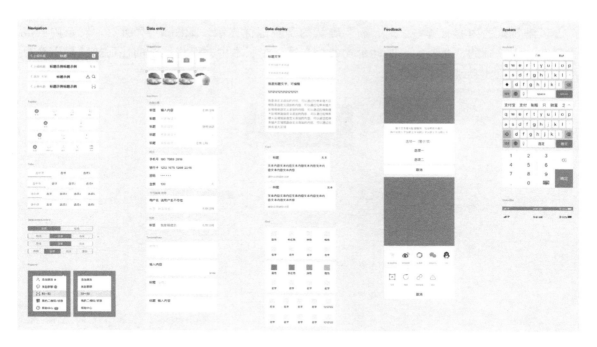

图 9-33　组件规范

9. 缺省界面

空状态界面：显示对应界面空状态的图标，增加相应的引导按钮。

无网络状态：在没有连接到网络时的提示界面。

404 & 505 界面：发生未知错误时的界面。

上述缺省界面如图 9-34 所示。

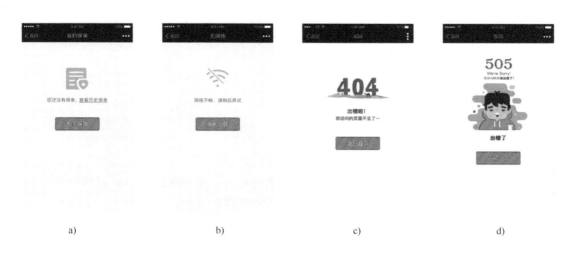

a)　　　　　　　　　b)　　　　　　　　　c)　　　　　　　　　d)

图 9-34　缺省界面

a）空状态界面　b）无网络状态　c）404 界面　d）505 界面

10. 规范优先级

了解规范的内容有哪些之后，需要确认的是规范优先级，如图 9-35 所示，规范内容庞大复杂，将基础的、必要的、高性价比的放在第一个版本中，而将复杂的往后放。随着产品的迭代，规范才会越来越完整。

```
                    规范优先级


    基础规范          临时规范          复杂规范


    设计尺寸          图标风格          目录规范


    栅格系统          弹窗样式          版式统一


    色彩规范          默认图            组件控件


    字体


    图标


    图片尺寸


    导航系统
```

图 9-35　规范优先级

一个好的规范应该是高效的、简单易懂的。具体执行时，应该确保规范分类合理、规范本身保持一致、布局排版易读，可以用来提升设计师查阅的效率；确保规范定义清晰、描述准确、场景完备，可以用来帮助设计师理解和使用。

9.3　单元练习

9.3.1　制作一个手机 App 界面

本练习属于 Illustrator 制作交互界面的基础练习，主要通过 App 界面的制作，熟悉界面设计的结构和 Illustrator 的实现方法，练习说明见下表：

知识	认识并了解 App 界面的框架结构和设计规范
技术	掌握 Illustrator 中图形的绘制、对齐和分布，掌握 Illustrator 中素材的导入和调整
能力	具备基础的界面设计能力

制作手机 App 界面如图 9-36 所示。

图 9-36　制作手机 App 界面

9.3.2　制作 App 界面的 icon 图标

本练习属于 Illustrator 制作交互界面的基础练习，主要完成上例中出现的 icon 图形制作，了解 Illustrator 中图形的绘制方法，练习说明见下表：

知识	了解界面设计中 icon 的制作方法
技术	掌握 Illustrator 中常见图形的绘制方法和技巧
能力	具备界面设计中 icon 的制作能力

制作 App 界面的 icon 图标，如图 9-37 所示。

图 9-37　制作 App 界面的 icon 图标

参 考 文 献

[1] 福克纳，查韦斯. Adobe Photoshop CC 2019 经典教程 [M]. 董俊霞，译. 北京：人民邮电出版社，2019.

[2] 唯美世界. Photoshop CC 从入门到精通 PS 教程 [M]. 北京：中国水利水电出版社，2017.

[3] 安晓燕. Photoshop CC 2019 从新手到高手 [M]. 北京：清华大学出版社，2019.

[4] 奥博斯科编辑部. 解密平面设计的终极法则：版式设计原理 + 配色设计原理 [M]. 北京：中国青年出版社，2009.

[5] Designing 编辑部. 版式设计——日本平面设计师参考手册 [M]. 北京：人民邮电出版社，2011.

[6] 钟霜妙. Photoshop 平面设计从新手到高手 [M]. 北京：清华大学出版社，2018.

[7] 祝俞刚. 中文版 Photoshop 平面设计基础与典型实例 [M]. 北京：电子工业出版社，2017.

[8] 钱浩. 做字：实用字体设计法 [M]. 北京：电子工业出版社，2019.

[9] 陈博，王斐. 从零开始 Photoshop CC 2019 设计基础 + 商业设计实战 [M]. 北京：人民邮电出版社，2020.

[10] 伍德. Adobe Illustrator CC 2019 经典教程 [M]. 张敏，译. 北京：人民邮电出版社，2020.

[11] 李晓东. Photoshop CC 产品设计效果图表现实例教程 [M]. 北京：电子工业出版社，2015.

[12] 时春雨，徐日强. 中文版 Photoshop CS 基础教程与操作实录 [M]. 北京：清华大学出版社，2006.

[13] 创锐设计. Photoshop 人像摄影后期处理专业技法 [M]. 北京：人民邮电出版社，2016.

[14] 陈帆. Photoshop 风光摄影后期调色圣经 [M]. 北京：电子工业出版社，2015.

[15] 陈志民. PHOTOSHOP CS5 中文版完全自学教程 [M]. 北京：机械工业出版社，2011.

[16] Art Eyes 设计工作室. 创意 UI Photoshop 玩转移动 UI 设计 [M]. 北京：人民邮电出版社，2017.

[17] 傅杰梅. 平面设计领域 Photoshop 色彩调整的高级技巧探讨 [J]. 电脑与电信，2019 (1)：83-85.

[18] 祝晓铭，王艳平. 基于 Photoshop 应用的网页界面设计研究 [J]. 现代计算机，2019 (30)：75-77，82.

[19] 薛祎炜. Photoshop 软件在图像处理中的抠图技法 [J]. 数字技术与应用，2019，37 (6)：201-202.

[20] 王庆承. 基于 Photoshop 的选区编辑技巧与应用 [J]. 电脑知识与技术，2019，15 (31)：273-274，277.

[21] 鲁连影. 计算机绘图软件技术在平面美术设计中的应用 [J]. 中国新通信，2020，22 (10)：113.

[22] 黄梅. 《Photoshop 图像处理基础》公共选修课在线课程建设探究 [J]. 电脑知识与技术，2020，16 (13)：172-173，176.

[23] 张旭东，王云峰. 基于 Photoshop 图像杂色背景处理的应用研究 [J]. 科技与创新，2019 (19)：160-161.

[24] 何秋燕. Photoshop 图像处理技术的应用 [J]. 电子技术与软件工程，2019 (12)：64.

[25] 李名爵. 数码摄影技术基础（七）[J]. 影像技术，2019，31 (2)：62-64.

[26] 何欣. 计算机辅助设计软件 PhotoShop 在效果图设计中的应用 [J]. 电脑知识与技术，2018，14 (31)：204-205，209.

[27] 许晓红，倪春峰. Photoshop 自定义图案库在家纺设计中的运用 [J]. 纺织科技进展，2018 (7)：56-57，60.

[28] 李爽. 深入浅出色彩管理 [J]. 电脑知识与技术，2018，14 (8)：203-204.

[29] 赵瑞. Photoshop 在图像处理方面的应用 [J]. 山东工业技术，2018 (4)：145.

[30] 楚青云. Photoshop 技术在网页制作中的应用研究 [J]. 数字通信世界，2017 (9)：134，277.

[31] 杨鸣. ps 图像编辑技巧与实例研究 [J]. 信息系统工程，2017 (5)：116-117.

[32] 崔佳. Photoshop 图像处理中通道应用的技巧 [J]. 科技经济市场，2015 (12)：208.

[33] 许凯. 图像处理中 Photoshop 通道的应用实例研究 [J]. 数字技术与应用，2015 (12)：60-61.